大数据应用人才培养系列教材

数据标注工程
（第2版）

总主编　刘　鹏

主　编　李　彤　刘　鹏

清华大学出版社
北　京

内 容 简 介

本书由数据标注行业的专家团队编写，采用通俗易懂的方式，系统地介绍了数据标注的基本概念、分类、流程、质量管理、安全、项目管理、平台和应用等内容。本书通过理论与实战相结合的方式，帮助读者由浅入深进行学习，让读者真正掌握数据标注的核心技术、数据标注工程实施和管理方法。

本书可作为人工智能训练师专业教材，也可作为大数据和人工智能应用人才的专业教材以及广大数据标注行业从业者的学习资料。

本书封面贴有清华大学出版社防伪标签，无标签者不得销售。

版权所有，侵权必究。举报：010-62782989，beiqinquan@tup.tsinghua.edu.cn。

图书在版编目（CIP）数据

数据标注工程 / 刘鹏总主编；李彤，刘鹏主编. —2版. —北京：清华大学出版社，2023.1（2025.1重印）
大数据应用人才培养系列教材
ISBN 978-7-302-62517-9

Ⅰ.①数… Ⅱ.①刘… ②李… Ⅲ.①数据处理—教材 Ⅳ.①TP274

中国国家版本馆 CIP 数据核字（2023）第 005162 号

责任编辑：邓　艳
封面设计：秦　丽
版式设计：文森时代
责任校对：马军令
责任印制：曹婉颖

出版发行：清华大学出版社
网　　址：https://www.tup.com.cn，https://www.wqxuetang.com
地　　址：北京清华大学学研大厦A座
邮　　编：100084
社 总 机：010-83470000
邮　　购：010-62786544
投稿与读者服务：010-62776969，c-service@tup.tsinghua.edu.cn
质量反馈：010-62772015，zhiliang@tup.tsinghua.edu.cn

印 装 者：三河市科茂嘉荣印务有限公司
经　　销：全国新华书店
开　　本：185mm×260mm　　印　张：12.25　　字　数：279 千字
版　　次：2019 年 6 月第 1 版　　2023 年 1 月第 2 版　　印　次：2025 年 1 月第 4 次印刷
定　　价：49.00 元

产品编号：099099-01

编写委员会

丛书主编　刘　鹏

主　　编　李　彤　刘　鹏

副主编　　王　浩　陈凤珍

参　　编　王振祥　周宝华　解鹏宇　刘有路
　　　　　惠　宇　梁　南　张　燕　陈佳梁
　　　　　谢佳成　杨雪妮　王馨烨

总　　序

短短几年间，大数据以一日千里的发展速度快速实现了从概念到落地，直接带动了相关产业的井喷式发展。数据采集、数据存储、数据挖掘、数据分析等大数据技术在越来越多的行业中得到应用，随之而来的即是大数据人才缺口问题的凸显。根据《人民日报》的报道，未来3~5年，中国需要180万大数据人才，但目前只有约30万人，人才缺口达到150万之多。

大数据是一门实践性很强的学科，在其呈现金字塔型的人才资源模型中，数据科学家居于塔尖位置，然而该领域对于经验丰富的数据科学家需求相对有限，反而是对大数据底层设计、数据清洗、数据挖掘及大数据安全等相关人才的需求急剧上升，可以说后者占据了大数据人才需求的80%以上。

迫切的人才需求直接催热了相应的大数据应用专业。2021年全国892所高职院校成功备案大数据技术专业，40所院校新增备案数据科学与大数据技术专业，42所院校新增备案大数据管理与应用专业。随着大数据的深入发展，未来几年申请与获批该专业的院校数量仍将持续走高。

即使如此，就目前而言，在大数据人才培养和大数据课程建设方面，大部分专科院校仍然处于起步阶段，需要探索的问题还有很多。首先，大数据是个新生事物，懂大数据的老师少之又少，院校缺"人"；其次，院校尚未形成完善的大数据人才培养和课程体系，缺乏"机制"；再次，大数据实验需要为每位学生提供集群计算机，院校缺"机器"；最后，院校没有海量数据，开展大数据教学实验工作缺少"原材料"。

对于注重实操的大数据专业专科建设而言，需要重点面向网络爬虫、大数据分析、大数据开发、大数据可视化、大数据运维等工作岗位，帮助学生掌握大数据专业必备知识，使其具备大数据采集、存储、清洗、分析、开发及系统维护的专业能力和技能，成为能够服务区域经济的发展型、创新型或复合型技术技能人才。无论是缺"人"、缺"机制"、缺"机器"，还是缺少"原材料"，最终都难以培养出合格的大数据人才。

其实，早在网格计算和云计算兴起时，我国科技工作者就曾遇到过类似的挑战，我有幸参与了这些问题的解决过程。为了解决网格计算问题，我在清华大学读博期间，于2001年创办了中国网格信息中转站网站，每天花几个小时收集有价值的资料分享给学术界，此后我也多次筹办和主持全国性的网格计算学术会议，进行信息传递与知识分享。2002年，我与其他专家合作编写的《网格计算》教材正式面世。

2008年，当云计算开始萌芽之时，我创办了中国云计算网站（现已更名为云计算世界），2010 年出版了《云计算（第 1 版）》，2011 年出版了《云计算（第 2 版）》，2015 年出版了《云计算（第 3 版）》，每一版都花费了大量成本制作并免费分享配套的教学 PPT。目前，《云计算》一书成为了国内高校的优秀教材，2010—2014 年，该书在中国知网公布的高被引图书名单中，位居自动化和计算机领域第一位。

除了资料分享，在 2010 年，我们在南京组织了全国高校云计算师资培训班，培养了国内第一批云计算老师，并通过与华为、中兴、奇虎 360 等知名企业合作，输出云计算技术，培养云计算研发人才。这些工作获得了大家的认可与好评，此后我先后担任了工信部云计算研究中心专家、中国云计算专家委员会云存储组组长、中国大数据应用联盟人工智能专家委员会主任、第 45 届世界技能大赛中国云计算专家指导组组长/裁判长、中国信息协会教育分会人工智能教育专家委员会主任、教育部全国普通高校毕业生就业创业指导委员会委员等。

近年来，面对日益突出的大数据发展难题，我们也正在尝试使用此前类似的办法应对这些挑战。为了解决大数据技术资料缺乏和交流不够通透的问题，我们于 2013 年创办了大数据世界网站，投入大量人力进行日常维护；为了解决大数据师资匮乏的问题，我们面向全国院校陆续举办多期大数据师资培训班，致力解决缺"人"的问题。

至今，我们已举办上百场线上线下培训，入选"教育部第四批职业教育培训评价组织"，被教育部学校规划建设发展中心认定为"大数据与人工智能智慧学习工场"，被工信部教育与考试中心授权为"工业和信息化人才培养工程培训基地"。同时，云创智学网站向成人提供新一代信息技术在线学习和实验环境；云创编程网站向青少年提供人工智能编程学习和实验环境。

此外，我们构建了云计算、大数据、人工智能 3 个实验实训平台，被多个省赛选为竞赛平台，其中云计算实训平台被选为中华人民共和国第一届职业技能大赛竞赛平台；第 46 届世界技能大赛安徽省/江西省/吉林省/贵州省/海南省/浙江省等多个选拔赛，以及第一届全国技能大赛甘肃省/河北省云计算选拔赛等多项赛事，均采用了云计算实训平台作为比赛平台。

在大数据教学中，本科院校的实践教学更加系统性，偏向新技术应用，且对工程实践能力要求更高，而高职、高专院校则偏向技能训练，理论以够用为主，学生将主要从事数据清洗和运维方面的工作。基于此，我们联合多家高职院校专家准备了《云计算导论》《大数据导论》《数据挖掘基础》《R 语言》《数据清洗》《大数据系统运维》《大数据实践》系列教材，帮助解决缺"机制"的问题。

此外，我们也将继续在大数据世界和云计算世界等网站免费提供配套 PPT 和其他资料。同时，智能硬件大数据免费托管平台——万物云和环境大数据开放平台——环境云，使资源与数据随手可得，让大数据学习变得更加轻松。

在此，特别感谢我的硕士导师谢希仁教授和博士导师李三立院士。谢希仁教授所著的《计算机网络》已经更新到第 8 版，与时俱进，日臻完善，时时提醒学生要以这样的标准来写书。李三立院士是留苏博士，为我国计算机事业做出了杰出贡献，曾任国家攀登计划项目首席科学家；他严谨治学，带出了一大批杰出的学生。

本丛书是集体智慧的结晶，在此谨向付出辛勤劳动的各位作者致敬！书中难免会有不当之处，请读者不吝赐教。

刘　鹏

2022 年 10 月

第 2 版前言

2022 年 8 月 12 日，为加快推动人工智能应用，助力稳经济，培育新的经济增长点，根据国务院发布的《新一代人工智能发展规划》，按照科技部等六部门联合印发的《关于加快场景创新以人工智能高水平应用促进经济高质量发展的指导意见》，科技部印发了《关于支持建设新一代人工智能示范应用场景的通知》，并支持建设首批 10 个示范应用场景：智慧农场、智能港口、智能矿山、智能工厂、智慧家居、智能教育、自动驾驶、智能诊疗、智慧法院、智能供应链。

人工智能和信息技术的发展，孕育了人工智能训练师等新兴职业。自 2020 年年初人工智能训练师正式成为新职业并纳入国家职业分类目录，人工智能训练师的从业人员增长迅速。该职业包含数据标注员、人工智能算法测试员两个工种。人工智能训练师从概念发展为新职业，只用了四年时间，从业人员也从 0 发展到 20 万。随着国家政策的大力支持，行业的数字化转型需求，人工智能在各行各业的场景化广泛应用，人工智能已进入产业级大模型时代，人工智能训练师的需求规模将迎来爆发式增长，2022 年全国约需 200 万人工智能训练师从业人员。

人工智能技术推动着第四次工业革命，支撑人工智能发展的三大因素分别是数据、算力、算法。数据量级及质量的高低直接影响人工智能的结果输出。要想输入的数据是算法能够识别的数据，就需要把原始数据按照规则进行一定的处理，换成专业名词就是"数据标注"。数据标注的对象有许多类型，如语音、视频、图片、文字等，经过十多年的发展，数据标注技术逐渐成熟，并已形成数据服务产业。

2022 年 1 月，国务院发布《关于印发"十四五"数字经济发展规划的通知》，提到"坚持以数字化发展为导向，充分发挥我国海量数据、广阔市场空间和丰富应用场景优势，充分释放数据要素价值"，并在发展规划保障措施中提到"提升全民数字素养和技能。""加强职业院校（含技工院校）数字技术技能类人才培养，深化数字经济领域新工科、新文科建设，支持企业与院校共建一批现代产业学院、联合实验室、实习基地等，发展订单制、现代学徒制等多元化人才培养模式。"以大数据为基础的相关数据服务产业也亟待与高校开展深入合作，进一步推动产教融合、校企合作。

为了更好地培养人工智能训练师，提升数据标注领域人才的技术技能，结合我司多年行业实战经验，特联合教育领域专家共同编写本教材。本书共 8 章，分别为数据标注概述、数据采集与清洗、数据标注分类及应用、数据标注流程及管理、数据标注质量管理、数据标注进度管理、数据标注平台、数据标注实战，不仅能够作为行业专业人士了解数据标注的入门书籍，还可以作为高等院校开设数据标注实训类课程的指导教材。

  本书在编写过程中难免会有不当之处，请各位读者多提宝贵意见。让我们共同为人工智能行业的发展贡献力量！

李　彤

于北京

2022 年 9 月 1 日

第 1 版前言

"有多少智能,就有多少人工"。随着人工智能技术突飞猛进地发展,数据标注行业也随之异军突起。经过短短几年的发展,我国专职从事数据标注行业的人员已经突破 20 万,兼职人员的数量突破 100 万。在未来 5 年,专职数据标注工程师的缺口将高达 100 万。人工智能行业巨头纷纷寻找专业的数据标注工程师,但目前接受过系统培训的数据标注工程师少之又少。

早期的数据标注工作是由专门研究人工智能算法的工程师进行小规模的数据标注,但在人工智能第三次浪潮之下,小规模的数据标注已经不能满足人工智能的发展需求,所以在 2011 年开始出现专门从事数据标注工作的团队,并且慢慢形成了数据标注行业。从 2017 年开始,人工智能的应用开始呈爆炸式增长,大规模的数据标注需求涌入,让数据标注行业迎来真正的爆发,正式进入人们的视野。

在快速膨胀的需求与国家扶持政策的推动下,全国高职、中职院校纷纷启动数据标注应用型人才培养计划。然而,数据标注专业建设却面临重重困难。首先,数据标注是一个新生事物,懂数据标注的教师少之又少,院校缺"人";其次,尚未形成完善的数据标注人才培养和课程体系,院校缺"机制";最后,院校没有数据标注项目,开展数据标注教学实践工作缺"原材料"。

为了能够更系统地培养数据标注工程师,我们的团队经过大量的市场考察与调研,深入了解数据标注行业,对数据标注各个环节进行调查整理,推出了这本教材。本书先从数据标注基本概念开始,介绍数据标注的前世今生以及发展趋势,然后系统地梳理了数据标注分类及数据标注流程,再对数据标注质量检验和数据标注管理进行详细介绍,最后分析学习热门行业数据标注应用,对四大重点行业进行数据标注实战。本书致力于将理论与实践结合在一起,让读者真正掌握数据标注的核心技术。

本书是集体智慧的结晶,在此谨向付出辛勤劳动的各位作者致敬!书中难免会有不当之处,请读者不吝赐教。我的邮箱:gloud@126.com,微信公众号:刘鹏看未来(lpoutlook)。

刘鹏 教授
于南京大数据研究院
2019 年 1 月 1 日

目　　录

第1章　数据标注概述

1.1 数据标注的起源与发展……………………………………………………1
 1.1.1 什么是数据标注…………………………………………………3
 1.1.2 数据标注分类概述………………………………………………4
 1.1.3 数据标注流程概述………………………………………………7
1.2 数据标注的应用案例………………………………………………………8
 1.2.1 出行行业…………………………………………………………8
 1.2.2 金融行业…………………………………………………………8
 1.2.3 医疗行业…………………………………………………………9
 1.2.4 家居行业…………………………………………………………9
 1.2.5 安防行业…………………………………………………………9
 1.2.6 公共服务…………………………………………………………10
 1.2.7 电子商务…………………………………………………………10
1.3 新职业-人工智能训练师…………………………………………………10
 1.3.1 有多少智能，就有多少人工……………………………………10
 1.3.2 让AI更懂人类的新职业…………………………………………11
 1.3.3 最后一批人工智能的"老师"…………………………………16
1.4 数据越多，智能越好………………………………………………………17
1.5 作业与练习…………………………………………………………………19
参考文献…………………………………………………………………………19

第2章　数据采集与清洗

2.1 数据采集……………………………………………………………………21
 2.1.1 数据采集方法……………………………………………………21
 2.1.2 数据采集流程……………………………………………………22
 2.1.3 标注数据采集案例………………………………………………24
2.2 数据清洗……………………………………………………………………26
 2.2.1 数据清洗方法……………………………………………………27
 2.2.2 数据清洗流程……………………………………………………28
 2.2.3 数据清洗的评判…………………………………………………29

  2.2.4　数据清洗实例 ………………………………………………………… 29
 2.3　作业与练习 ……………………………………………………………………… 31
 参考文献 ………………………………………………………………………………… 31

第 3 章　数据标注分类及应用

 3.1　图像标注 ………………………………………………………………………… 33
  3.1.1　什么是图像标注 ………………………………………………………… 33
  3.1.2　图像标注任务类型 ……………………………………………………… 34
  3.1.3　图像标注方式 …………………………………………………………… 35
  3.1.4　图像标注案例 …………………………………………………………… 37
 3.2　语音标注 ………………………………………………………………………… 40
  3.2.1　什么是语音标注 ………………………………………………………… 40
  3.2.2　语音标注任务类型 ……………………………………………………… 40
  3.2.3　案例分享：方言片段截取标注 ………………………………………… 42
 3.3　文本标注 ………………………………………………………………………… 43
  3.3.1　什么是文本标注 ………………………………………………………… 43
  3.3.2　文本标注类型 …………………………………………………………… 44
  3.3.3　文本标注应用领域 ……………………………………………………… 45
 3.4　视频数据标注 …………………………………………………………………… 47
  3.4.1　什么是视频数据标注 …………………………………………………… 47
  3.4.2　视频与图像数据标注的差异 …………………………………………… 47
  3.4.3　视频数据标注的分类 …………………………………………………… 48
 3.5　作业与练习 ……………………………………………………………………… 48
 参考文献 ………………………………………………………………………………… 48

第 4 章　数据标注流程及管理

 4.1　数据标注项目流程 ……………………………………………………………… 49
  4.1.1　项目启动 ………………………………………………………………… 50
  4.1.2　项目规划 ………………………………………………………………… 51
  4.1.3　项目执行 ………………………………………………………………… 52
  4.1.4　项目监控 ………………………………………………………………… 52
  4.1.5　项目收尾 ………………………………………………………………… 53
 4.2　数据标注团队架构 ……………………………………………………………… 53
  4.2.1　标注团队组建 …………………………………………………………… 54
  4.2.2　标注团队架构 …………………………………………………………… 55

4.3　数据标注角色分工……………………………………………………56
　　4.4　数据标注团队沟通……………………………………………………57
　　　　4.4.1　项目相关方管理………………………………………………57
　　　　4.4.2　团队沟通建设…………………………………………………58
　　4.5　数据标注安全管理……………………………………………………60
　　　　4.5.1　数据安全的重要性……………………………………………60
　　　　4.5.2　数据信息泄露案例……………………………………………60
　　　　4.5.3　数据安全管理…………………………………………………61
　　4.6　数据标注标准化管理…………………………………………………63
　　　　4.6.1　项目管理………………………………………………………65
　　　　4.6.2　人员管理………………………………………………………68
　　　　4.6.3　订单管理………………………………………………………68
　　　　4.6.4　客户关系管理…………………………………………………69
　　4.7　作业与练习……………………………………………………………70
　　参考文献……………………………………………………………………70

第5章　数据标注质量管理

　　5.1　数据质量影响算法效果………………………………………………71
　　5.2　数据标注质量标准……………………………………………………73
　　　　5.2.1　图像标注质量标准……………………………………………73
　　　　5.2.2　语音标注质量标准……………………………………………75
　　　　5.2.3　文本标注质量标准……………………………………………76
　　5.3　数据标注质量检验方法………………………………………………76
　　　　5.3.1　实时检验………………………………………………………76
　　　　5.3.2　全样检验………………………………………………………77
　　　　5.3.3　抽样检验………………………………………………………78
　　5.4　数据标注质量风险控制………………………………………………80
　　5.5　作业与练习……………………………………………………………81
　　参考文献……………………………………………………………………81

第6章　数据标注进度管理

　　6.1　数据标注人效制定……………………………………………………82
　　　　6.1.1　定时人效测量…………………………………………………82
　　　　6.1.2　定量人效测量…………………………………………………83
　　　　6.1.3　步骤拆解人效测量……………………………………………83

6.2 数据标注进度规划……84
6.3 数据标注进度风险控制……85
6.4 作业与练习……86

第 7 章 数据标注平台

7.1 线上平台……87
 7.1.1 竹节实战平台介绍……87
 7.1.2 竹节平台使用方法……87
 7.1.3 AIDP 数据标注工具能力说明……89
7.2 线下平台……119
 7.2.1 标注工具安装环境搭建……119
 7.2.2 LabelImg 标框标注工具的使用方法……123
 7.2.3 Labelme 多边形区域标注工具安装与使用方法……130
7.3 作业与练习……134
参考文献……134

第 8 章 数据标注实战

8.1 语音类-方言 ASR 项目数据标注案例……135
 8.1.1 项目需求……135
 8.1.2 标注界面及功能说明……135
 8.1.3 音频分类说明……136
 8.1.4 音频裁剪说明……137
 8.1.5 文字标准执行细则……138
8.2 语音类-客服录音项目数据标注案例……141
 8.2.1 确定是否包含有效语音……141
 8.2.2 确定语音的噪音情况……141
 8.2.3 确定说话人数量……141
 8.2.4 确定说话人性别……141
 8.2.5 确定是否包含口音……142
 8.2.6 语音内容方面……142
8.3 图片类-OCR 数据标注案例……143
 8.3.1 框选规则……143
 8.3.2 文字转写规则……147
8.4 图片类-人脸数据标注案例……148
 8.4.1 标框标注……148

8.4.2 描点标注 …………………………………………… 150
8.5 无人驾驶 2D 图像标注案例 ……………………………… 152
　　8.5.1 项目目的 …………………………………………… 152
　　8.5.2 标注内容 …………………………………………… 153
　　8.5.3 标注界面及操作方法 ……………………………… 153
　　8.5.4 标注规则 …………………………………………… 154
8.6 NLP 数据泛化文本标注案例 ……………………………… 157
　　8.6.1 标注目的 …………………………………………… 157
　　8.6.2 标注页面 …………………………………………… 157
　　8.6.3 标注说明 …………………………………………… 157
　　8.6.4 NLP 名词解析 ……………………………………… 165
　　8.6.5 标注细则 …………………………………………… 165
8.7 作业与练习 ………………………………………………… 167

 附录

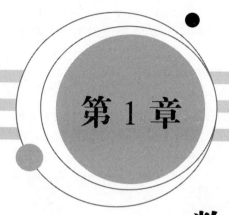

第1章

数据标注概述

无人驾驶、人脸识别、语音交互……在人工智能（artificial intelligence，AI）第三次浪潮之下，在算力、算法与数据的合力推动下，人工智能技术突破与行业落地如雨后春笋，焕发出源源不断的生机。尤为瞩目的是，在灼热的人工智能发展背后，为其发展提供数据燃料的数据标注正在成为一门新兴产业。

与此同时，数字经济的蓬勃发展，也为数据标注的发展进一步助燃。根据中国信息通信研究院的数据，我国数字经济的规模从 2005 年的 2.6 万亿增长到 2020 年的 39.2 万亿。到 2025 年，数字经济带动就业人数将达到 3.79 亿[1]。数字经济的不断发展正在催生更多新职业，人工智能训练师就是其中之一。

1.1 数据标注的起源与发展

由于数据标注与人工智能相伴相生，在研究数据标注的同时，首先需要对人工智能追本溯源。人工智能的概念最早由约翰·麦卡锡于 1956 年达特茅斯会议上提出，意指让机器具有像人一般的智能行为。

在其提出以来的 60 多年中，人工智能的发展并非坦途，而是经历了沉沉浮浮、三起三落。人工智能在达特茅斯会议上经过了两个多月的讨论，并在会后推出了第一款聊天软件，让人直呼"人工智能来了"，并掀起了此后为期 20 年的第一次人工智能浪潮。

当时主要以注重演算与推理的符号主义以及深度学习的"前身"——连接主义为代表。对于此次人工智能的兴起，专家学者尤为看好，甚至指出,未来十年机器人就能够超越人类了。然而,就在大家期盼人工智能春天到来之际,在 20 世纪 70 年代后期,人们却逐渐发现过去的理论与模型只能用于解决一些简单问题,同时运算能力不足,人工智能的第一次浪潮偃旗息鼓,进入了突如其来的冬天。

此后,经过短暂的消沉后,随着 20 世纪 80 年代两层神经元网络(BP 网络)的兴起,人工智能开始焕发出新的生机,迎来了第二次发展浪潮。其间,语音识别、语音翻译以及感知机模式成了典型代表。然而,这些现在看来再寻常不过的应用,彼时离人们的实际生活仍然较为遥远,人工智能也随之进入了第二次沉寂的低潮,人工智能发展历史如图 1-1 所示。

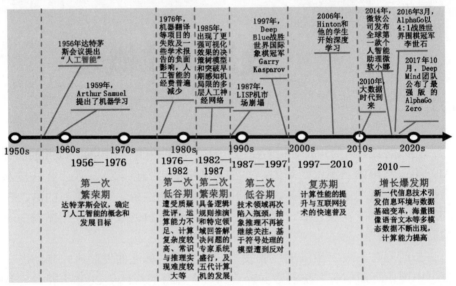

图 1-1 人工智能发展历史[2]

人工智能的第三次浪潮始于 Deep Blue(IBM 深蓝)的出现,其在 1997 年战胜了国际象棋冠军,而 2006 年"神经网络之父"杰弗里·辛顿(Geoffrey Hinton)提出的深度学习技术进一步助推人工智能的发展,该技术于 2010 年大火,直接带动了人工智能的真正爆发,使其成为了商界、创投界炙手可热的新星,并发展至今。不难预见,未来人工智能将实现由弱人工智能到强人工智能,直至超人工智能的高度。

纵览人工智能的发展脉络,在前两次发展浪潮中,人工智能发展起起伏伏,偶有爆发,但却未能真正深入人们的生活。因此,当时由于量级比较小,为人工智能提供"喂养数据"的数据标注主要由研究该领域的工程师完成,并不能称之为独立的职业。近年来,随着人工智能第三次浪潮的到来,数据标注的需求应接不暇,2011 年数据标注的外包市场开启,2017 年真正爆发,数据标注开始慢慢进入人们的视野。

《"十四五"数字经济发展规划》明确指出,"充分发挥数据要素作用"

"强化高质量数据要素供给。支持市场主体依法合规开展数据采集,聚焦数据的标注、清洗、脱敏、脱密、聚合、分析等环节,提升数据资源处理能力,培育壮大数据服务产业",并在数据要素供给、数据要素市场化、数据要素开发利用机制等方面进行了部署[3]。据 iResearch 数据显示,预计 2025 年数据标注行业市场规模将突破 100 亿元[4]。

1.1.1 什么是数据标注

2016 年,人工智能程序阿尔法围棋(AlphaGo)在与世界顶尖棋手的对决中奉上了令人惊艳的战绩,一战成名。此后横空出世的阿尔法零(AlphaGo Zero)作为 AlphaGo 的升级版本,自学 3 天,以 100∶0 的成绩完胜此前击败李世石的 AlphaGo 版本;自学 40 天,以 89∶11 的绝对优势击败阿尔法大师(AlphaGo Master)版,不同 AlphaGo 版本的棋力比较如图 1-2 所示。

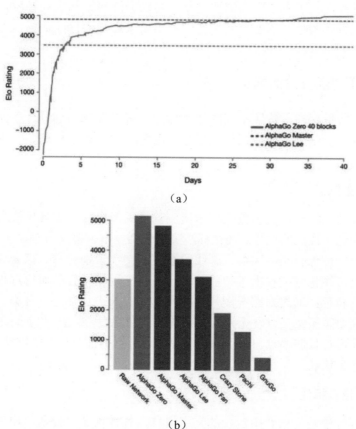

图 1-2 不同 AlphaGo 版本的棋力比较[5]

当我们感慨其成长速度时,不得不承认,最初的 AlphaGo 也犹如出生的婴儿一般,对下棋一窍不通,其之所以能够快速升级成为棋坛高手,是因为人类"喂养"的棋谱与数据,换言之,正是人类像教育小孩一样培养了AlphaGo,才让其"学会"下棋。

举个简单的例子,我们告诉孩子——"这是一辆汽车",并把对应的图片展示在孩子面前,帮助他记住了拥有四个轮子,可以有不同颜色的这种日常交通工具,当孩子下次在大街上遇到飞奔的汽车时,也能直呼"汽车"。

类比机器学习,如果准备让机器习得同样的认知能力,我们也需要帮助机器识得相应特征。两者不同点在于,对于人类来说,往往告诉他一次就能记住,下次遇到就能准确辨别;对于机器来说,需要我们提取有关汽车的特征,"喂"给他们大量带有汽车特征的图片,使其通过训练集反复学习,通过测试集进行检查与巩固,最终能够准确识别汽车,而这些带有汽车特征的图片正是出自数据标注。

简而言之,数据标注即通过分类、画框、标注、注释等,对图片、语音、文本、视频等数据进行处理,标记对象的特征,以作为机器学习基础素材的过程。由于机器学习需要反复学习以训练模型和提高精度,同时无人驾驶、智慧医疗、语音交互等各大应用场景都需要标注数据,人工智能训练师应运而生。

1.1.2 数据标注分类概述

对于数据标注,按照不同的分类标准,可以有不同划分。下面以标注对象作为分类基础,将数据标注划分为图像标注、语音标注、文本标注以及视频标注。

1. 图像标注

提及数据标注,大多数人第一反应就是图像标注。图像标注是一个将标签添加到图像上的过程。图像标注类型包括拉框、语义分割、实例分割、目标检测、图像分类、关键点、线段标注、文字识别转写、点云标注、属性判断等。图像标注在人工智能与各行各业应用相结合的研究过程中扮演着重要的角色:通过对路况图片中的汽车和行人进行筛选、分类、标框,可以提高安防摄像头以及无人驾驶系统的识别能力,如图1-3所示;通过对医疗影像进行骨骼描点,特别是对病理切片进行标注分析,能够帮助AI提前预测各种疾病。

2. 语音标注

语音标注是把语音中包含的文字信息、各种声音"提取"出来,再进行转写或者合成,从而用作人工智能机器学习数据。语音标注类型包括ASR语音转写、语音切割、语音清洗、情绪判定、声纹识别、音素标注、韵律标注、发音校对等。目前,在人工智能研究中,语音应答交互系统是一个重要分支,其中聊天机器人人气颇高,苹果的Siri、小米的小爱同学等已经成为深入日常生活的重要应用。在此类虚拟助理的研发过程中，基于语音识别、声纹识别、语音合成等建模与测试需要，需要对数据进行发音人角色标注、环境情景标注、多语种标注、ToBI（tones and break indices）韵律标注体系标注、噪音标注等，如图1-4所示。

图1-3　图像标注[6]

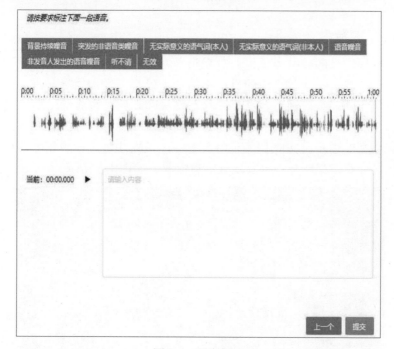

图1-4　语音标注

3．文本标注

文本标注是对文本进行特征标记，为其打上具体的语义、构成、语境、目的、情感等原数据标签,主要用于自然语言处理。自然语言处理是人工智能的分支学科,在满足自然语言处理不同层次需要的过程中,对文本数据进行标注处理是关键环节。具体而言,通过语句分词标注、语义判定标注、文本翻译标注、情感色彩标注、拼音标注、多音字标注、数字符号标注等,可获得高准确率的文本语料,如图1-5所示。

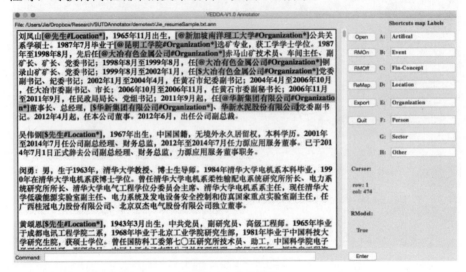

图1-5 文本标注

4. 视频标注

视频标注以图片帧为单位,对视频素材中的目标对象进行跟踪,对包括道路、车辆、行人等在内的目标物的特征信息、结构信息、语义信息等进行标记,从而形成训练数据集。与图像标注相比,视频标注不只限于一张图片,而是对某段时间内连续的一系列图像数据进行标记和汇总,生成的内容丰富而直观。按照具体应用类型,视频标注可进一步划分为视频追踪、标签分类、视频打点以及视频信息提取,如图1-6所示。

图1-6 视频标注

1.1.3 数据标注流程概述

数据标注的质量直接关系到模型训练的优劣程度，因此数据标注需要建立一套既定的数据标注流程，对图像、语音、文本、视频等进行有序而有效的标注，如图 1-7 所示。

图 1-7 数据标注流程

1. 数据采集

数据采集与获取是整个数据标注流程的首要环节。目前对于数据标注众包平台而言，其数据主要源于提出标注需求的人工智能企业。对于这些人工智能企业，他们的数据又来自哪里？比较常见的是通过互联网获取公开数据集与专业数据集。公开数据集是政府、科研机构等对外开放的资源，获取比较简便，而专业数据集的获取往往更耗费人力物力，有时通过购买所得，有时通过拍摄、截屏等方式积累素材再自主整理所得。此外，对于 Google 等科技巨头而言，其本身就是一个巨大的数据资源库。

至于具体的数据获取方式，既可以通过内部数据库，以 SQL 技能提取数据，也可以下载获取政府、科研机构、企业开放的公开数据集。此外，还可编写网页爬虫，收集互联网上多种多样的数据，比如爬取知乎、豆瓣、网易等网站的相关数据。

值得一提的是，在进行数据采集时，不仅需要考虑采集规模与预算，还应注重采集数据的多样性以及数据对应用场景的适用性。再者，数据采集应该合法合理，通过正当的方式获取，不能侵犯他人隐私权、肖像权等个人权利，这是数据采集的前提。

2. 数据清洗

在获取数据后，并不是每一条数据都能够直接使用，不少数据是不完整、不一致、有噪声的脏数据，需要通过数据预处理，才能真正投入问题的分析研究中。在预处理的过程中，旨在把脏数据"洗掉"的数据清洗是重要一环。

在数据清洗中，应对所有采集的数据特别是一些爬虫数据以及视频监控数据进行筛检，去掉重复的、无关的内容，对异常值与缺失值进行查漏补缺，同时平滑噪声数据，最大限度纠正数据的不一致、不完整，将数据统一成适合标注且与主体密切相关的标准格式，以帮助训练更为精确的数据模型和算法。

3. 数据标注

数据经过清洗，即可进入数据标注的核心环节。一般在正式标注前，会由需求方的算法工程师给出标注样板，并为具体标注人员详细阐述标注需求与标注规则，经过充分讨论与沟通，以保证最终数据输出的方式、格式以及质量一步到位，这也被称为试标过程。

试标后，标注工程师按照此前沟通确认的要求进行数据标注，通过对图像、视频、语音、文本等素材进行细致的分类、标框、描点等操作，给素材打上不同的标签，以满足不同的人工智能应用需要。

4．数据质检

无论是数据采集、数据清洗，还是数据标注，人工处理数据的方式并不能保证这些过程完全准确。为了提高输出数据的准确率，数据质检成为了重要一环，而最终通过质检环节的数据才算是真正过关。

对于具体质检而言，可以通过排查或抽查的方式。检查时，一般设有多名专职的审核员，对数据质量进行层层把关，一旦发现提交的数据不合格，直接交由数据标注人员返工，直至最终通过审核为止。

1.2 数据标注的应用案例

无论是全职还是兼职，数据标注人员数量之所以创新高，主要归因于呈现指数级增长的人工智能发展，以及随之而来的日趋多样化的数据标注应用场景。

1.2.1 出行行业

对于出行行业而言，数据标注除了用于汽车自动驾驶研发之外，结合物联网数据、交通网络大数据以及车载应用技术，则能进一步帮助规划出行路线，优化驾驶环境。以下是数据标注常见应用：以矩形框或描点对车辆进行标注，标记拍到的物体是活体、障碍物还是其他物体；以矩形框或描点标注人体轮廓；采集地址兴趣点，在地图上做出相应地理位置信息标记的 POI（point of interest）标记等。

例如，在自动驾驶领域，Scale 公司目前通过提供图像标注、图像转录、分类、比较和数据收集的 API（应用程序界面），以目标识别来标注数据集。具体而言，在传感器与 API 的融合应用下，通过对相机、激光雷达和 Radar 数据进行标记，对周围环境状况，包括汽车与其他物体的距离、移动速度等进行标注，生成可用于训练 3D 感知模型的标注数据[7]。

1.2.2 金融行业

目前，人工智能的触角逐渐伸向金融领域。无论是身份验证、智能投资顾问，还是风险管理、欺诈检测等，以高质量的标注数据提高金融机构的执行效率与准确率,已经成为一大趋势。其中,文字翻译、语义分析、语音转录、图像标注等,都是具有代表性的重要应用。

一直以来,对于金融合同而言,往往需要花费律师或贷款人员大量时间进行核对与确认。摩根大通开发了一款 AI 软件,通过语义分析处理的数据训练,使得原来需要 36 万个小时完成的合同审查工作数秒即可完成,而且错误率大大降低。

1.2.3 医疗行业

在医疗行业,通过人体标框、3D 画框、骨骼点标记、病历转录等应用,机器学习能够快速完成医学编码和注释,以及在远程医疗、医疗机器人、医疗影像、药物挖掘等场景的应用,助力提供更高效的诊断与治疗,制订更为健全的医疗保险计划。

比如,某科技企业为了训练 AI 筛查疾病的能力,首先需要对医疗影像数据进行处理,对病理切片进行分类和标注,以画框或描点的方式,将不同区域区别开来,并标注不同颜色以区分等级,为 AI 训练提供大量数据燃料。通过这种方式,该企业以深度学习预测前列腺癌的分类准确率已经达到 99.38%。

1.2.4 家居行业

智能家居在全球范围内呈现出强劲的发展势头,不仅基于日渐丰富的家居场景和日趋成熟的物联网技术,同时也离不开向前推进的图像识别、自然语言处理等技术。在助力智能家居发展中,数据标注主要应用矩形框标记人脸,进行人脸精细分割;对家居物品进行画框标记;通过描点的方式进行区域划分;采集语音并进行标注处理等。

在智能家居应用中,对于训练更"懂"人类的智能对话机器人,需要大量语料库支持训练,比如康奈尔电影对话语料库、Ubuntu 语料库和微软的社交媒体对话语料库[8]等都是比较常见的数据集,通过对以上数据进行标注处理,即可逐渐提升机器人回复的智能程度。

1.2.5 安防行业

目前,智能安防发展如火如荼。为了进一步提升安防应用的适用性,提高数据处理的速度与效率,推动安防从被动防御向主动预警发展,对数据标注的需求与日俱增。其中,人脸标注、视频分割、语音采集、行人标注等都是重要的数据标注应用。

在智能安防不断推进的过程中,生物识别技术已经越来越成熟,在日常监控、出入境管理、刑事案件侦查中都有着广泛应用。其中,对于数据标注人员而言，需要做的正是对训练图片中人物的性别、年龄、肤色、表情、头发以及是否戴帽戴眼镜[9]等进行分类标注，或者对行人做标框处理，帮助机器获取快速识别能力。目前，天网系统应用动态人脸识别技术，使1∶1识别准确率达到99.8%以上，同时可实现每秒比对30亿次，1秒就能将全国人口"筛"一遍，2秒便能将世界人口"筛"一遍[10]。

1.2.6 公共服务

对各种服务数据进行人工智能处理有助于提高公共服务水平与效率。以安防领域为例，目前大街小巷密布摄像头，但主要以记录与存储为主，大多用于事后侦查。随着数据标注的普遍应用，不断累积的海量标注数据，可以广泛用于人工智能训练，大大增强 AI+安防的合力，并可通过不断精进的人脸识别技术与视频行为分析技术，对监控画面进行实时分析，做到及时预警和响应。

具体而言，在海量标注数据的训练之下，智能安防可以识别人脸、分析表情、辨别身份，对公共场合人员进行快速统计。同时由于对特定行为进行了标注和训练，一旦监控视频中出现危险行为，系统将实时反馈和应对，避免潜在危险和损失。对于可疑人员，也可以加速侦查过程，更好地保障公共安全。

1.2.7 电子商务

在电商行业，数据标注能够帮助进一步深度挖掘数据集，建立客户全生命周期数据，预测需求趋势，优化价格与库存，最终达到精准营销的目的。通过互联网搜索指定内容答案的搜索完善、通过句子语境判断感情色彩的情绪分析以及人脸标注、语音采集等均为重要的数据标注应用。

对于电商数据而言，如虎鱼网络等专业系统，通过对产品打上结构化标签，包括品牌、颜色、型号、价格、款式、浏览量、购买量、用户评价等，建立360°的全景画像，从而为个性化推荐提供先决条件[11]。同时，该系统也可用于包括人口属性、购物偏好、消费能力、上网特征等在内的用户标签化处理，进一步建立用户兴趣图谱与用户画像，并通过智能推荐系统，推荐高转化的用户场景。

1.3 新职业−人工智能训练师

1.3.1 有多少智能，就有多少人工

人工智能一般由"数据""算法""应用"来支撑。对于机器学习而言，往往基于某个应用场景（比如人工智能程序 AlphaGo 主攻围棋），使机器通

过给定的数据学习参数总结规律、找出方向，进而提高算法（算法可理解为计算机解决问题的方法）。其中，数据成为当仁不让的关键点，输入数据，就会得到与该数据相对应的结果。

与此同时，机器学习又有监督学习与无监督学习之别。有监督学习首先通过训练样本找出规律，对模型进行优化，使其具有判断与预知能力，这是向"样本"学习的过程，其核心在于"分类"，多用于实际产品应用；而无监督学习缺少训练样本，直接通过数据进行建模分析，其核心在于"聚类"，主要用于探索研究。

换言之，只有在有监督学习的情况下，带有"标签"的数据才能成为模型优化的"老师"，也正是因为有监督学习，才需要大量经过标注的数据作为先验经验。然而，无论是数据标注，还是此前的数据采集、数据清洗与处理等，大多由人工完成，而数据处理的量级与质量又直接关系到机器的智能程度，也就是我们所说的"有多少智能，就有多少人工"。

举个例子，如果现在我们训练一个能够自动识别辣椒的人工智能程序，那么首先需要对大量含有辣椒的图片进行标注，确认是否带梗、颜色红绿等信息，将标注处理后的训练样本"喂"给等待训练的机器，授之以"渔"，使其基于算法框架自主学习，通过训练集学习，以测试集进行纠错，不断降低错误率，最终学成出师。在这个过程中，输入的数据样本越精确，规模越大，其处理效率与运作效率也越高。

1.3.2 让 AI 更懂人类的新职业

随着人工智能技术向各行各业纵深发展，致力让 AI 更懂人类的数据标注行业发展迅速，在短短几年内即被纳入国家职业分类目录，成为数字经济时代炙手可热的新职业。

2021 年，国家人力资源和社会保障部发布国家职业技能标准，进一步明确人工智能训练师（职业代码：4-04-05-05）包括数据标注员和人工智能算法测试员两个工种，并从下到上划分为五级-四级-三级-二级-一级共五个等级，分别对应初级工、中级工、高级工、技师以及高级技师，如图 1-8 所示。

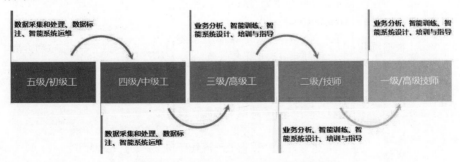

图 1-8　人工智能训练师五个职业等级

对于人工智能训练师 L5—L1 这五个等级，国家职业技能标准给出了具体的描述和要求，包括对应技能要求和相关知识要求，如表 1-1 至表 1-5 所示，为从业者提供了清晰的职业路径规划和指引。

表 1-1　五级/初级工[12]

职业功能	工作内容	技 能 要 求	相关知识要求
1. 数据采集和处理	1.1 业务数据采集	1.1.1 能够利用设备、工具等完成原始业务数据采集 1.1.2 能够完成数据库内业务数据采集	1.1.1 业务背景知识 1.1.2 数据采集工具使用知识 1.1.3 数据库数据采集方法
	1.2 业务数据处理	1.2.1 能够根据数据处理要求完成业务数据整理归类 1.2.2 能够根据数据处理要求完成业务数据汇总	1.2.1 数据整理规范和方法 1.2.2 数据汇总规范和方法
2. 数据标注	2.1 原始数据清洗与标注	2.1.1 能够根据标注规范和要求，完成对文本、视觉、语音数据清洗 2.1.2 能够根据标注规范和要求，完成文本、视觉、语音数据标注	2.1.1 数据清洗工具使用知识 2.1.2 数据标注工具使用知识
	2.2 标注后数据分类与统计	2.2.1 能够利用分类工具对标注后数据进行分类 2.2.2 能够利用统计工具，对标注后数据进行统计	2.2.1 数据分类工具使用知识 2.2.2 数据统计工具使用知识
3. 智能系统运维	3.1 智能系统基础操作	3.1.1 能够进行智能系统开启 3.1.2 能够简单使用智能系统	3.1.1 智能系统基础知识 3.1.2 智能系统使用知识
	3.2 智能系统维护	3.2.1 能够记录智能系统功能应用情况 3.2.2 能够记录智能系统应用数据情况	智能系统维护知识

表 1-2　四级/中级工[12]

职业功能	工作内容	技 能 要 求	相关知识要求
1. 数据采集和处理	1.1 业务数据质量检测	1.1.1 能够对预处理后业务数据进行审核 1.1.2 能够结合人工智能技术要求，梳理业务数据采集规范 1.1.3 能够结合人工智能技术要求，梳理业务数据处理规范	1.1.1 业务数据质量要求和标准 1.1.2 业务数据采集规范和方法 1.1.3 业务数据处理规范和方法
	1.2 数据处理方法优化	1.2.1 能够对业务数据采集流程提出优化建议 1.2.2 能够对业务数据处理流程提出优化建议	1.2.1 数据采集知识 1.2.2 数据处理知识

续表

职业功能	工作内容	技能要求	相关知识要求
2.数据标注	2.1 数据的归类和定义	2.1.1 能够运用工具,对杂乱数据进行分析,输出内在关联及特征 2.1.2 能够根据数据内在关联和特征进行数据归类 2.1.3 能够根据数据内在关联和特征进行数据定义	2.1.1 数据聚类工具知识 2.1.2 数据归纳方法 2.1.3 数据定义知识
	2.2 标注数据审核	2.2.1 能够完成对标注数据准确性和完整性审核,输出审核报告 2.2.2 能够对审核过程中发现的错误进行纠正 2.2.3 能够根据审核结果完成数据筛选	2.2.1 数据审核标准和方法 2.2.2 数据审核工具使用知识
3.智能系统运维	3.1 智能系统维护	3.1.1 能够维护智能系统所需知识 3.1.2 能够维护智能系统所需数据 3.1.3 能够为单一智能产品找到合适应用场景	3.1.1 知识整理方法 3.1.2 数据整理方法 3.1.3 智能应用方法
	3.2 智能系统优化	3.2.1 能够利用分析工具进行数据分析,输出分析报告 3.2.2 能够根据数据分析结论对智能产品的单一功能提出优化需求	3.2.1 数据拆解基础方法 3.2.2 数据分析基础方法 3.2.3 数据分析工具使用方法

表 1-3 三级/高级工[12]

职业功能	工作内容	技能要求	相关知识要求
1.业务分析	1.1 业务流程设计	1.1.1 能够结合人工智能技术要求和业务特征,设计整套业务数据采集流程 1.1.2 能够结合人工智能技术要求和业务特征,设计整套业务数据处理流程 1.1.3 能够结合人工智能技术要求和业务特征,设计整套业务数据审核流程	1.1.1 业务数据相关流程设计工具知识 1.1.2 业务数据相关流程设计知识
	1.2 业务模块效果优化	1.2.1 能够结合业务知识,识别业务流程中单一模块的问题 1.2.2 能够结合人工智能技术设计业务模块优化方案并推动实现	1.2.1 业务分析方法 1.2.2 业务优化方法
2.智能训练	2.1 数据处理规范制定	2.1.1 能够结合人工智能技术要求和业务特征,设计数据清洗和标注流程 2.1.2 能够结合人工智能技术要求和业务特征,制定数据清洗和标注规范	2.1.1 智能训练数据处理工具原理和应用方法 2.1.2 智能训练数据处理知识

续表

职业功能	工作内容	技 能 要 求	相关知识要求
2.智能训练	2.2 算法测试	2.2.1 能够维护日常训练集与测试集 2.2.2 能够使用测试工具对人工智能产品的使用进行测试 2.2.3 能够对测试结果进行分析，编写测试报告 2.2.4 能够运用工具，分析算法中错误案例产生的原因并进行纠正	2.2.1 人工智能测试工具使用方法 2.2.2 算法训练工具基础原理和应用方法
3.智能系统设计	3.1 智能系统监控和优化	3.1.1 能够对单一智能产品使用的数据进行全面分析，输出分析报告 3.1.2 能够对单一智能产品提出优化需求 3.1.3 能够为单一智能产品的应用设计智能解决方案	3.1.1 数据拆解高阶方法 3.1.2 数据分析高阶方法 3.1.3 单一产品智能解决方案设计方法
	3.2 人机交互流程设计	3.2.1 能够通过数据分析，找到单一场景下人工和智能交互的最优方式 3.2.2 能够通过数据分析，设计单一场景下人工和智能交互的最优流程	3.2.1 人机交互流程设计知识 3.2.2 人机交互流程设计工具相关知识
4.培训与指导	4.1 培训	4.1.1 能够编写初级培训讲义 4.1.2 能够对五级/初级工、四级/中级工开展知识和技术培训	4.1.1 培训讲义编写知识 4.1.2 培训教学知识
	4.2 指导	4.2.1 能够指导五级/初级工、四级/中级工解决数据采集、处理问题 4.2.2 能够指导五级/初级工、四级/中级工解决数据标注问题	4.2.1 实践教学方法 4.2.2 技术指导方法

表1-4 二级/技师[12]

职业功能	工作内容	技 能 要 求	相关知识要求
1.业务分析	1.1 业务框架与流程设计	1.1.1 能够综合业务流程及重难点，结合人工智能技术构建合理的业务框架 1.1.2 能够综合业务流程及重难点，结合人工智能技术构建合理的业务流程	1.1.1 业务流程构建工具原理和应用方法 1.1.2 业务流程构建知识
	1.2 业务场景挖掘	1.2.1 能够在业务中挖掘智能系统应用的潜在机会点及隐藏价值 1.2.2 能够结合人工智能技术对新业务场景提出解决方法	1.2.1 数据分析方法 1.2.2 数据运营方法
2.智能训练	2.1 算法测试	2.1.1 能够结合业务特征，构建算法的高质量训练集，并成为算法的核心竞争力 2.1.2 能够结合业务特征，构建算法的黄金测试集，并作为算法上线前的质量保障 2.1.3 能够结合业务特性，设计合理的测试方案	2.1.1 人工智能算法基础知识 2.1.2 算法测试工具原理和应用方法

续表

职业功能	工作内容	技 能 要 求	相关知识要求
2.智能训练	2.2 智能训练流程优化	2.2.1 能够根据日常算法模型的训练，提出训练产品优化需求并推动实现 2.2.2 能够根据日常算法模型的训练，提出训练方法的新思路	2.2.1 算法训练工具设计和优化方法 2.2.2 算法训练方法优化方法
3.智能系统设计	3.1 智能产品应用解决方案设计	3.1.1 能够在某一业务领域中设计包含多个智能产品的解决方案并推动实现 3.1.2 能够基于某一业务领域情况，结合多个智能产品设计新的全链路智能应用流程	3.1.1 业务领域知识 3.1.2 多智能产品解决方案设计方法
	3.2 产品功能设计以及实现	3.2.1 能够将解决方案转化成产品功能需求 3.2.2 能够推动产品功能需求实现并达成项目目标	3.2.1 产品需求梳理方法 3.2.2 项目管理知识
4.培训与指导	4.1 培训	4.1.1 能够编写培训计划 4.1.2 能够对三级/高级工及以下级别人员开展知识和技术培训	4.1.1 培训计划编制知识 4.1.2 进阶培训教学知识
	4.2 指导	4.2.1 能够制定业务指导方案 4.2.2 能够对三级/高级工及以下级别人员培训学习效果进行评估	4.2.1 业务指导方案编制方法 4.2.2 效果评估方法

表 1-5　一级/高级技师[12]

职业功能	工作内容	技 能 要 求	相关知识要求
1.业务分析	1.1 业务设计	1.1.1 能够根据复杂业务场景和跨业务单元场景的深入理解，搭建业务分析框架 1.1.2 能够结合人工智能技术为所负责的业务线提出具有前瞻性的业务发展规划建议	1.1.1 业务指标定义知识 1.1.2 业务指标的管理方法 1.1.3 业务发展规划设计方法
	1.2 业务创新	1.2.1 能够利用人工智能技术，对现有业务流程重构，提高业务在行业领域竞争力 1.2.2 能够结合先进的人工智能技术，在业务流程中发现创新点并整合，推动行业领域的创新 1.2.3 能够结合人工智能技术，前瞻性的洞察行业业务战略方案	1.2.1 人工智能技术相关知识 1.2.2 流程设计创新方法
2.智能训练	2.1 算法测试	2.1.1 能够根据对算法的前瞻性，制定智能训练的整体产品能力矩阵 2.1.2 能够根据对算法的前瞻性，制定训练平台的整体迭代优化方案 2.1.3 能够制定训练集以及测试集的标准	2.1.1 智能训练工具高阶原理和应用方法 2.1.2 智能训练技巧和方法 2.1.3 人工智能算法高阶知识

续表

职业功能	工作内容	技能要求	相关知识要求
2.智能训练	2.2 智能训练流程优化与产品化	2.2.1 能够对复杂的智能系统进行完整的测试和训练，并做出报告编写 2.2.2 能够结合人工智能技术，对智能训练的完整体系提出新思路，新方向，并推动产品更新	2.2.1 人工智能技术创新方法 2.2.2 智能训练产品原理和方案优化设计方法
3.智能系统设计	3.1 智能产品应用解决方案设计	3.1.1 能够在复杂业务领域中设计包含多个智能产品的解决方案并推动实施 3.1.2 能够跨多业务领域设计智能产品应用方案，解决业务问题	3.1.1 智能行业和业务知识 3.1.2 跨多业务领域智能解决方案设计方法
	3.2 平台化推广	3.2.1 能够将方法论沉淀，应用到智能算法或者知识体系中，并给行业带来变革 3.2.2 能够独立统筹并推动项目进行，推动多个智能产品的一系列运营，实现项目目标	3.2.1 项目管理方法 3.2.2 产品运营方法
4.培训与指导	4.1 培训	4.1.1 能够制定培训体系规划 4.1.2 能够对二级/技师及以下级别人员开展管理方法培训	4.1.1 培训体系构建方法 4.1.2 管理培训知识
	4.2 指导	4.2.1 能够制定业务指导策略体系 4.2.2 能够对二级/技师进行业务指导	4.2.1 业务指导策略体系编制方法 4.2.2 人工智能训练前沿理论知识

1.3.3 最后一批人工智能的"老师"

有多少智能，就有多少人工，在一定意义上，人工智能工程师可以看作是人工智能的老师，因为他们标注的各种图像、文本与语音教会了机器学习，且标注的数量和质量与机器学习成果直接关联。按照这一思路推演，如果人工智能需要学习新本事，需要不断提升和完善，那么这一职业就将伴随其存在下去。

然而，随着人工智能的疯狂生长，训练好的 AI 模型反哺人工标注，当数据足够丰富和完善的时候，只需将数据库之外的图片、语音和文本等，交给人工智能进行识别，并基于数据库的识别数据调整参数和验证，就可以达到更高的精准度。

与此同时，人工智能将逐渐实现由弱人工智能向强人工智能直至超人工智能的转变，大量人类岗位将由机器人替代，青出于蓝而胜于蓝，最终"学生"将全面超越"老师"。在智能升级的过程中，随着有监督学习向无监督学习或迁移学习的转变，数据标注的需求也将大幅度削减，即人工标注最终可能将不复存在。

不过，目前无监督学习等只是处于探索阶段的新算法，并没有大规模的商业落地。为此，即使最终将退出历史舞台，人工智能训练师也是陪伴人工智能成长壮大的最后一批"老师"。

除人工标注之外，AI 辅助工具也逐渐应用到具体的标注过程中，比如谷歌推出的"流体标注"工具。通常而言，在 COCO+Stuff 数据集中，标记一个图像需要 19 分钟，而标记整个数据集需要 53000 小时[13]，而在谷歌对"流体标注"的展示中，在机器辅助之下，"流体标注"能够清晰圈出目标轮廓和背景，完成数据标注过程。

如图 1-9 所示，图片中列展示的是在 COCO 数据集中对 3 张图片的传统手动标记，而右列则是通过"流体标注"对图片进行的标记。不难看出，"流体标注"与手动标记的呈现效果基本上相差无几，除了智能程度得到大幅度提升之外，标注数据集的生成速度也得以显著提高，可以达到原来的 3 倍。

图 1-9　手动标记和流体标注对比[13]

1.4　数据越多，智能越好

谷歌和美国卡内基梅隆大学联合发布的一篇论文中明确指出，深度学习的成功归功于：① 高容量的模型；② 越来越强的计算能力；③ 可用的大规模标签数据[13]。然而在此前的研究中发现，2012—2016 年计算力（得益于 GPU）与模型尺寸不断增长，但每年数据集规模却基本保持不变，如图 1-10 所示。

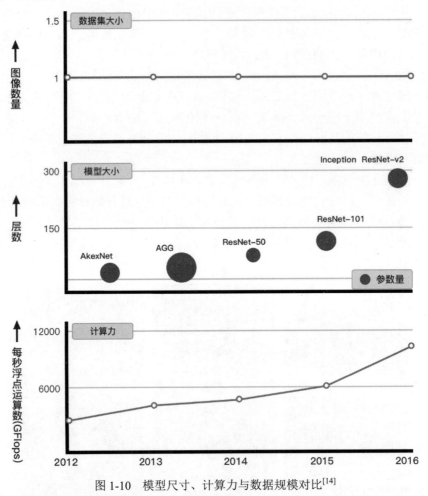

图 1-10　模型尺寸、计算力与数据规模对比[14]

这时研究人员提出猜想，当数据规模成百倍成千倍增长时，人工智能研究的精度与准确性会怎么改变呢？是存在一定的"天花板"，还是精度与准确度会随着数据量的增长越来越高？为了得到确实的结果，研究人员应用谷歌建立的内部数据集——JFT-300M（数据是 ImageNet 的 300 倍，含有超过 10 亿个标签）进行研究。

通过最终实验结果发现，任务性能与训练数据之间关系紧密，大规模数据有助于表征学习，同时随着训练数据的数量级增长，模型性能呈线性增长，大规模的数据集对于预训练而言大有助益，如图 1-11 所示。

不难看出，欣欣向荣的人工智能行业直接拉动了数据标注行业的崛起和发展。随着感知智能向认知智能的转变，对于标注数据的维度与细化程度也提出了更高要求。与此同时，在有监督学习之下，海量高准确率的标注数据进一步推动了人工智能的行业落地，标注的数据越多，智能水平也越高。

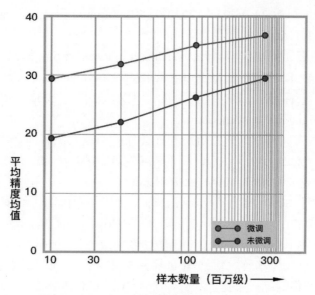

图 1-11　测试性能随数据量呈线性增长[14]

🔺 1.5　作业与练习

1. 如何理解数据标注与人工智能的关系？
2. 什么是数据标注？
3. 数据标注对象可以划分为哪几类？
4. 数据标注流程包括哪些环节？
5. 数据标注有哪些应用场景？
6. 如何理解"有多少智能，就有多少人工"？
7. 人工智能训练师包括哪几个职业等级？
8. 数据量级与智能程度之间存在怎样的联系？

🔺 参考文献

[1] 环球网. 就业新观察｜数字经济催生更多新职业 到 2025 年带动就业人数将达 3.79 亿[DB/OL]. （2022-03-31）[2022-05-07]. https://baijiahao.baidu.com/s?id=1728807346756307367&wfr=spider&for=pc.

[2] 钱塘数据. 电子标准院：人工智能标准化白皮书（2018 版）[DB/OL]. （2018-10-26）[2022-05-10]. https://cloud.tencent.com/developer/article/1359067.

[3] 国务院. 国务院关于印发"十四五"数字经济发展规划的通知[EB/OL]. （2022-01-12）[2022-05-12]. www.gov.cn/zhengce/zhengceku/2022-01-12/

content_5667817.htm.

[4] 锐观CC. 2023—2028年中国数据标注产业全景调查及投资咨询报告[DB/OL].（2022-06-23）[2022-07-2]. https://view.inews.qq.com/a/20220623A030HA00.

[5] 阿里云. 深入浅出看懂AlphaGo Zero - PaperWeekly第51期[DB/OL].（2017-10-24）[2022-07-22]. https://developer.aliyun.com/article/226363.

[6] 精灵标注. 精灵标注助手[DB/OL]. [2022-07-23]. www.jinglingbiaozhu.com/?b_scene_zt=1.

[7] 中华人民共和国人力资源和社会保障部. 人工智能训练师 国家职业技能标准（2021年版）[S/OL]. [2022-07-25]. www.mohrss.gov.cn/wap/zc/zqyj/202106/W020210617509883457681.pdf.

[8] 利荣. Scale推出传感器融合标注API，为自动驾驶技术更快注入数据燃料[DB/OL].（2018-03-07）[2022-07-26]. https://www.leiphone.com/category/transportation/mlpbK1Q4vUrSzU80.html.

[9] AI科技大本营. 实战|让机器人替你聊天，还不被人看出破绽？来，手把手教你训练一个克隆版的你[DB/OL].（2017-08-23）[2022-07-27]. https://mp.weixin.qq.com/s/jNTVKGTgNlucEpPB9vZvkA.

[10] 跶尘. 谈谈数据标注那些事[DB/OL].（2017-11-24）[2020-07-30]. http://www.woshipm.com/pd/856172.html.

[11] 中国江苏网."天网"已应用全国16省市 人脸识别技术助力安防[DB/OL].（2018-03-23）[2022-07-22]. https://baijiahao.baidu.com/s?id=1595690163111887808&wfr=spider&for=pc.

[12] 凤凰网科技. 第一批被AI累死的人[DB/OL].（2018-07-15）[2022-08-01]. http://tech.ifeng.com/a/20180715/45063971_0.shtml.

[13] 新智元. 谷歌推出"流体标注"AI辅助工具，图像标注速度提升3倍！（附论文）[DB/OL].（2018-10-23）[2022-08-02]. http://www.sohu.com/a/270697508_473283.

[14] 【10亿+数据集，ImageNet千倍】深度学习未来，谷歌认数据为王[DB/OL].（2017-07-12）[2022-08-01]. http://www.sohu.com/a/156480210_473283.

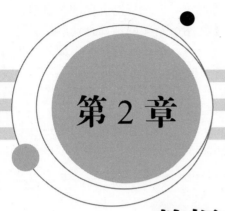

第 2 章

数据采集与清洗

目前,数据标注的素材主要用于有监督的机器学习场景。在这一背景下,往往数据量越大,涉及面越广,数据质量越高,其"喂养"的人工智能算法就越精确,数据采集与清洗作为输出高质量数据标注成品的前提显得尤为重要。

2.1 数据采集

数据采集是人工智能进行机器学习的第一步。人工智能机器学习前必须对采集的数据进行严格的把关,才能有效提高后续的标注质量,同时数据采集也是机器学习重要的前提和保障。根据数据类型,采集的数据可分为音、视、图、文四类。采集方式类型也比较多,当前应用较多也较广的是通过手机端进行语音、图像等数据的采集,也有一些会用专业的音视频设备进行采集,这些采集平台和工具缺乏智能化,采集回来的数据要依靠后期人工进行质检,工作量大,采集成本高;为了规避这一问题,现在技术上可以通过深度学习、自动化的技术、"云""端"的配合,将人工智能芯片和算法集成到采集设备中,有效实现质量检查自动化、实时化,及时纠正采集中的问题,提高数据采集质量。

2.1.1 数据采集方法

数据采集的方法主要有以下几种。

1. 互联网数据采集

互联网数据采集也称为网络抓取或网络数据爬取,主要通过数据爬虫和网页解析来实现。在线上数据采集方面，数据爬虫和网页解析工具的设计者开发了大规模分布式抓取和实时解析模块，针对特定主题和垂直域，可以及时、准确、全面地采集国内外媒体网站、新闻网站、行业网站、论坛社区和微博等互联网媒体发布的文本、图片、图表、音频、视频等各种类型的信息，并且在抓取的同时实现基本的校验、统计和抽样提取。

2. App 移动端数据采集

目前市面上也有部分数据采集的 App，用户可直接通过手机端进行音频、视频、图像的采集并上传到后台服务器，方便快捷，适用于简单量大的数据采集任务。

3. 数据众包采集

数据众包采集是以数据支撑平台为基础，集全社会的力量进行采集，并对数据的噪声错误、遗漏进行发现和纠正。数据众包采集主要应用场景是现有的数据采集人力、设备和时间无法满足海量的原始数据采集需求，且采集成本在可接受的范围内。

4. 专业线下采集

对于一些对采集环境、采集场景有特殊要求，无法让用户自行采集的任务，需由专业采集人员在线下通过场景搭建、环境搭建并利用专业设备进行采集，如 TTS（text to speech）[1]语音采集、人脸活体检测采集、安防监控场景下的特定动作采集等特殊类型的采集项目。

5. 数据行业合作

数据服务机构通常具备规范的数据共享和交易渠道，人们可以在平台上快速、明确地获取自己所需要的数据。而对于企业生产经营数据或学科研究数据等保密性要求较高的数据，也可以通过与企业或研究机构合作、使用特定系统接口等相关方式进行数据采集。

6. 传感器数据采集

传感器数据采集是计算机与外部物理世界连接的桥梁。在计算机广泛应用的今天，各种录像摄像设备、气候环保监测设备、道路交通监测监控设备等都可以作为数据采集的媒介，但是不同传感器接收不同种类信号的难易程度差别很大，在实际采集时，噪声也可能带来一些麻烦，传感器的参数对数据采集也有一定的影响。

2.1.2 数据采集流程

如前所述，数据主要来自泛互联网数据、大量传感器的机器数据以及行业的多结构专业数据,来源十分广泛,且数量庞大。在这些数据中,往往原始材料即第一手资源针对性强,且更为准确,但相应的采集比较耗时耗力,而对于互联网信息、文献资料以及研究报告等丰富的现成资料,采集相对比较快捷。

对于出处各不相同的数据,应该遵循怎样的数据采集流程是我们接下来需要探讨的问题。具体而言,数据采集在明确数据来源之后,可以根据特定行业与应用定位,确定采集的数据范围与数量,并通过核实的数据采集方法,开展后续的数据采集工作。下面以日志文件为例,对数据采集流程进行简要介绍。

日志文件是用于记录数据源执行的各种操作行为,包括股票记账、流量管理、Web 服务器记录等用户访问行为的记录,很多互联网企业都有自己的海量数据采集工具,多用于系统日志采集。

其中,Flume 是 Cloudera 提供的分布式的海量日志采集、聚合和传输的系统,在日志收集、简单处理方面有着重要应用。下面主要从原生数据采集的角度,通过 Flume 的使用,具体阐述访问日志的采集过程。

简单地说,Flume 的运行过程中涉及以下概念:首先是数据源(source),这是数据采集的基地,再者是缓冲区(channel),即中间站点,最后是目的地(sink)——数据的归宿。在这个过程中,通过 source 采集的数据进行封装以后,以单元(event)作为传输数据的基本单位,在 source 与 sink 之间进行流动(flow),具体运行过程如图 2-1 所示。

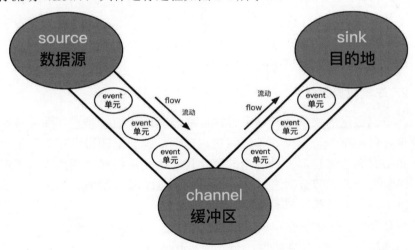

图 2-1 基于 Flume 的数据采集流程[2]

简而言之,Flume 收集来自各个服务器的外部数据,并以封装后的 event(单元)流动,其间经过 channel(缓冲区),最终到达 sink(目的地)。为了确保数据成功输送,需要先将数据输送到缓冲区进行缓存,当数据真正到达目的地后,再将数据删除。经过上述的数据流向,最终达到日志数据采集的目的。

2.1.3 标注数据采集案例

在列举数据采集的方法和流程之后,下面主要针对人脸数据、车辆数据、街景数据、语音数据以及文本数据等,具体描述数据采集的过程与要求。

1. 人脸数据采集

目前对于人脸数据,一方面可通过第三方数据机构购买,另一方面也可自行采集。在采集之前,首先需要根据应用场景,明确采集数据的规格,对年龄、人种、性别、表情、拍摄环境、姿态分布等予以准确限定,明确图片尺寸、文件大小与格式、图片数量等要求,在获得被采集人许可之后,对被采集人进行不同光线、不同角度、不同表情的拍摄与数据收集,并在收集后对数据做脱敏处理。

以下为一个简单的人脸数据采集规格示例。

年龄分布——18~30 岁。

性别分布——男:54%;女:46%。

人种分布——黑种人:50%;白种人:40%;黄种人:10%。

表情类型——正常;挑眉;向左看;向右看;向上看;向下看;闭左眼;闭右眼;微张嘴;张大嘴;嘟嘴;微笑;大笑;惊讶;悲伤;厌恶。

拍摄环境——光线亮的地方;光线暗的地方;光线正常的地方。

图片尺寸——1200×1600 像素。

文件格式——JPG 格式。

图片数量——20 000 张。

适用领域——人脸识别;人脸检测。

2. 车辆数据采集

在车辆数据的采集中,常见方式是通过交通监控视频进行图片截取,图片最好包括车牌、车型、车辆颜色、车辆品牌、车辆出厂年份、拍摄位置、拍摄时间等信息,并做统一的图片尺寸、文件格式、图片数量规定,同时做脱敏处理(即数据漂白),实时保护隐私和敏感数据。

以下为一个简单的车辆数据采集规格示例。

车型分布——小轿车;SUV;面包车;客车;货车;其他。

车辆颜色——白;灰;红;黄;绿;其他。

拍摄时间——光线亮的时候;光线暗的时候;光线正常的时候。

车牌颜色——蓝;白;黄;黑;其他。

图片尺寸——1024×768 像素。

文件格式——JPG 格式。

图片数量——75 000 张。

适用领域——自动驾驶;车牌识别。

3. 街景数据采集

与车辆数据采集类似，街景数据采集也可通过监控视频进行图片截图与收集，同时可借助车载摄像头、水下相机等进行街景拍摄。比如谷歌在进行街景拍摄时，通过集采集、定位与数据上传于一体的街景传感器吊舱、街景眼球、街景塔、街景三轮车、街景雪地车、街景水下相机等多种方式进行360°图像采集。采集的街景图片主要包括城市道路、十字路口、隧道、高架桥、信号灯、指示标志、行人与车辆等场景。同时，对于采集的数据同样需要做统一的图片尺寸、文件格式、图片数量规定与脱敏处理。

以下为一个简单的街景数据采集规格示例。

采集环境——城市道路。

路况覆盖——十字路口；高架桥；隧道。

拍摄设备——车载摄像头。

图片尺寸——1920×1200 像素。

文件格式——PNG 格式。

图片数量——15 000 张。

适用领域——自动驾驶。

4. 语音数据采集

对于语音数据采集，较为直接的方式是语音录制。在录制之前，对采集数量、采集内容、性别分布、录音环境、录音设备、有效时长、是否做内容转写、存储方式、数据脱敏等加以明确，并在征得被采集人的同意之后，进行相关录制。由此可建立普通话、方言、外语等丰富的语音资料。

以下为一个简单的语音数据采集规格示例。

采集数量——500 人。

性别分布——男性 200 人；女性 300 人。

是否做内容转写——是。

录制环境——关窗关音乐；关窗开音乐；开窗开音乐；开窗关音乐。

录音语料——新闻句子；微博句子。

录音设备——智能手机。

音频文件——WAV 格式。

文件数量——200 000 条。

适用领域——语音识别。

5. 文本数据采集

如前所述，在数据标注中需要建立多种文本语料库。可以通过专业爬虫网页，对定向数据源进行定向关键词抓取，获取特定主题内容，进行实时文本更新，来建立多语种语料库、社交网络语料库、知识数据库等。在采集之前，需要对分布领域、记录格式、存储方式、数据脱敏、产品应用等进行明确界定。

以下为一个简单的文本数据采集规格示例。

采集内容——英语；意大利语；法语；其他语言网络文本语料。

文件格式——TXT 格式。

编码格式——UTF-8。

文件数量——50 000 条。

适用领域——文本分类；语言识别；机器翻译。

2.2 数据清洗

由于数据来源多种多样，数据形式也并不统一，在数据标注之前，需要对采集的图片、视频、语音、文本等数据进行预处理，将重复的、混乱的以及不符合标注项目要求的数据去掉，并对达标的数据进行标准化处理，从而为数据标注打好基础。

虽然采集端本身有很多数据库，但是如果要对这些海量数据进行有效的分析，还是应该将这些数据导入一个集中的大型分布式数据库或者分布式存储集群中，同时，在导入的基础上，针对缺失信息、不一致信息与冗余信息等，完成数据清洗和预处理工作，如图 2-2 所示。

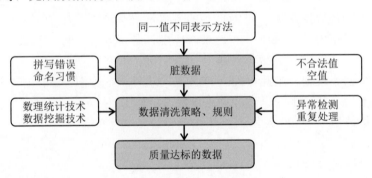

图 2-2 数据清洗原理

现实世界中数据大多是不完整、不一致的"脏"数据，无法直接进行数据挖掘，或挖掘结果不尽人意，为了提高数据挖掘的质量，产生了数据预处理技术。数据预处理有多种方法，包括数据清理、数据集成、数据变换、数据归约等，大大提高了数据挖掘的质量，降低了数据挖掘所需要的时间。

（1）数据清理主要是进行数据格式标准化、异常数据清除、数据错误纠正、重复数据的清除等处理。

（2）数据集成是将多个数据源中的数据结合起来并统一存储，建立数据仓库。

（3）数据变换是通过平滑聚集、数据概化、规范化等方式将数据转换成适用于数据挖掘的形式。

(4) 数据归约是指在对挖掘任务和数据本身内容理解的基础上，寻找数据的有用特征，以缩减数据规模，从而在尽可能保持数据原貌的前提下，最大限度地精简数据量。

2.2.1 数据清洗方法

如前所述，为了获得高质量数据，在数据采集之后，需要将不规整的数据转换为规整数据，而提供准确、简洁数据的数据清洗则成为数据预处理中的关键环节。所谓的数据清洗，也就是 ETL 处理，包含抽取（extract）、转换（transform）、加载（load）这三大法宝[3]。根据不同的业务需求，数据清洗包括以下处理方法。

1. 缺失值处理

数据的收集过程很难做到数据全部完整。例如，问卷调查对象不想回答某些选项或是不知道如何回答；设备异常；对数据改变没有日志记载。处理缺失值的方法有以下 3 种。

(1) 忽略元组。也就是将含有缺失属性值的对象（元组、记录）直接删除，从而得到一个完备的信息表。在缺失属性对象相对于整个数据集所占比例较小时，这种方法比较适用，特别是在分类任务中缺少类别标号属性时常采用。如果数据集中有较高比例的数据对象存在缺失值问题，这种方法失效。在样本资源比较少的挖掘任务中，删除宝贵的数据对象会严重影响挖掘结果的正确性。

(2) 数据补齐。使用一定的值对缺失属性进行填充补齐，从而使信息表完备化。数据补齐的具体实施方法较多。

① 人工填写：需要用户非常了解数据相关信息，并且数据量大时，这种方法效率太低。

② 特殊值填充：将所有空值使用一个特殊值如"unknown"进行填充，这种方法有可能导致严重的数据偏离。

③ 平均值填充：如果属性是数值型的，使用所有对象属性的平均值来填充，对于倾斜分布情况也可以采用中位数来填充；如果属性是非数值型的，可以采用出现频率最高的值来填充。

④ 使用最有可能的值填充：采用基于推断的方法填充空缺值。例如，可以使用空值对象周围与其相似的对象值对其进行填充；可以建立回归模型，对缺失属性值进行估计；也可以使用贝叶斯模型推理或决策树归纳确定。

(3) 不处理。有很多数据挖掘方法在属性值缺失方面具有良好的鲁棒性，可直接在包含空值的数据上进行数据挖掘。这类方法包括贝叶斯网络和人工神经网络等。

2. 噪声数据处理

噪声（noise）是一个测量变量中的随机错误或偏差。造成这种误差有多方面的原因，例如，数据收集工具的问题、数据输入、传输错误、技术限制等。噪声可以通过对数值进行平滑处理而消除，主要使用的技术有回归、分箱、孤立点分析。

（1）回归。通过函数拟合数据来光滑数据。线性回归涉及找出拟合两个属性（或变量）的"最佳"直线，使得一个属性可以用来预测另一个。多元线性回归则是涉及的属性多于两个，并且数据拟合到一个多维曲面[4]。

（2）分箱（binning）。通过考察相邻数据来确定最终值，"箱"实际上就是按照属性值划分的子区间，如果一个属性值处于某个子区间范围内，就称为把该属性值放进这个子区间所代表的"箱"内。用"箱的深度"表示不同的箱里有相同个数的数据。用"箱的宽度"来表示每个箱值的取值区间为常数。由于分箱方法考虑相邻的值，因此是一种局部平滑方法。

（3）孤立点分析。孤立点是在某种意义上具有不同于数据集中其他大部分数据对象特征的数据对象，或是相对于该属性值不寻常的属性值。可以通过聚类来检测，落在簇之外的数据对象被视为孤立点。

3. 重复数据处理

在数据库中，对于属性值相同的记录，可以将其看作是重复记录，通过对比两个记录的属性值来检测记录是否等同，等同的记录合并为一条记录。所以，合并或者消除是处理重复数据的基本方法。

2.2.2 数据清洗流程

具体的数据清洗过程，可以按照明确错误类型-识别错误实例-纠正发现错误-干净数据回流的具体流程开展[5]。

1. 明确错误类型

在这个环节，可以通过手动检查或者抽取数据样本等数据分析方式，检测分析数据中存在的错误，并在此基础上定义清洗转换规则与工作流。根据数据源的数量以及缺失、不一致或者冗余情况，决定数据转换和清洗步骤。

2. 识别错误实例

在识别过程中，如果采用人工方式，往往耗时耗力，准确率也难以保障。为此，在这个过程中，可以首先通过统计、聚类或者关联规则的方法，自动检测数据的属性错误。对于重复记录，可以通过基本的或者是递归的字段匹配算法、Smith-Waterman 算法等实现数据的检测与匹配。

3. 纠正发现错误

对于纠正错误，则按照最初预定义的数据清洗规则和工作流有序进行。其中，为了处理方便，应该对数据源进行分类，并在各个分类中将属性值统一格式，做标准化处理。此外，在处理之前应该对源数据进行备份，以应对需要撤销操作或者数据丢失等意外情况。

4. 干净数据回流

通过以上三大环节，基本已经得到干净数据，这时需要用其替换掉原来的"脏"数据，实现干净数据回流，以提高数据质量，同时也避免了重复进行数据清洗的工作。

2.2.3 数据清洗的评判

数据清洗执行完毕后，有必要对数据清洗的效果进行评价。数据清洗的评价标准主要包括两个方面：数据的可信性和数据的可用性。

数据的可信性包括数据精确性、完整性、一致性、有效性、唯一性等指标。精确性描述数据是否与其对应的客观实体的特征相一致；完整性描述数据是否存在缺失记录或缺失字段；一致性描述同一实体的同一属性的值在不同的系统中是否一致；有效性描述数据是否满足用户定义的条件或在一定的域值范围内；唯一性描述数据是否存在重复记录。

数据的可用性考察指标主要包括时间性和稳定性。时间性描述数据是当前数据还是历史数据；稳定性描述数据是否是稳定的，是否在其有效期内。

2.2.4 数据清洗实例

本节给出的实例是对网络采集到的电商产品评论数据进行清洗，以便于后续的文本标注和情感分析工作，如图 2-3 所示。

id	已采	已发	电商平台	品牌	评论	时间
1109	TRUE	FALSE	XXX	A	服务号，安装人员很负责，父母很满意	2014/11/11 18:56
1110	TRUE	FALSE	XXX	A	热水器很好，就是体积有些大	2014/12/1 18:46
1111	TRUE	FALSE	XXX	A	安装师傅服务很好……东西也不错热水出的快	2014/12/5 14:40
1112	TRUE	FALSE	XXX	A	400的安装费！！我笑了！都去搞安装吧	2014/11/10 22:25
1113	TRUE	FALSE	XXX	A	好东西，比实体店便宜	
1114	TRUE	FALSE	XXX	A	热水器我就认这个，第三个了。	2014/9/24 20:51
1115	TRUE	FALSE	XXX	A		2014/12/5 7:07
1116	TRUE	FALSE	XXX	A	速热确实很好用~性价比比较高~赞一个	2014/11/10 21:43
1117	TRUE	FALSE	XXX	A	还不错的的，以后会再买的	2014/10/15 10:46

图 2-3 某电商产品评论数据部分截图

在实际的数据采集过程中，经常会存在数据值缺失的情况，这是由于缺少信息。通常当某一字段缺失数据比例过大时，可直接剔除该字段，但也需讨论因缺失造成的局限性；若某一字段仅有少量缺失数据，可删除缺失的记录使整体数据完整，而不会对整体数据造成太大的影响。然而，现实中很多数据的缺失比例比较尴尬，若直接舍弃缺失部分的记录，则会丢失大量数据，导致分析结果与真实情况之间可能存在较大的误差，这时需要采用合适的方法对缺失值进行填补处理。

相较于传统的人工数据清洗，编程清洗是更加快捷高效的手段。这里使用 Python 语言编程，借助 Pandas 和 NumPy 库对产品评论数据进行分析处理，先统计数据维度以及各个字段是否存在缺失值。

```python
import pandas as pd
import numpy as np

df = pd.read_csv('comments.csv')
print(df.shape)
print(np.sum(df.isna()))
```

运行结果如图 2-4 所示，该数据一共有 215032 条记录、9 个字段。文本标注仅需要使用"评论"字段的内容，该字段共存在 518 条缺失值。

```
(215032, 9)
Id           0
已采           0
已发           0
电商平台         0
品牌           0
评论         518
时间        6366
型号        7517
PageUrl      0
dtype: int64
```

图 2-4　产品评论数据维度及各字段缺失值统计结果

因为文本数据标注不涉及数据统计分析，仅需要提取文本，这里可以将其缺失记录删除，留下非空数据。

```python
comment = df[df['评论'].isna() == False]['评论']
print(comment.head(10))
print(len(comment))
```

运行结果显示已经清洗掉了 518 条缺失的评论，完成了文本提取，如图 2-5 所示。

```
0    挺好的，安装人员很负责 值得夸奖
1    自己安装的，感觉蛮好。后续追加
2    \n\nY ET300J-60 电热水器 60 升 还没安装
3    还没装，等安装之后再来吧，为装修备的货。
4    大小刚刚好，安装收了140材料费，活接、弯头啥的。试机顺利，16度加热到30度用了6分钟左右...
5    价格便宜质量好！值得再次购买
6    像个圆筒，跟想象的有点不同。用起来还是很方便的，烧水快。厂家服务也很好。
7    很不错的产品，品牌信得过。
8    热水器可以，但是任何配件都没有，都要收费，另外安装来的很及时，但是态度就。。。
9    安装配件太贵了，一个支架80块，一个挂钩50块，接头20一个要用好多个，比五金店贵了好几倍，...
Name: 评论, dtype: object
214514
```

图 2-5　删除缺失的评论并提取评论结果

如图 2-6 所示，将提取的文本存储在 CSV 文件中，以便进行后续文本标注的操作。

```
comment.to_csv('new_comments.csv',header=True,index=False,encoding='utf-8')
```

	评论
1	挺好的，安装人员很负责 值得夸奖
2	自己安装的，感觉蛮好。后续追加。
3	\n\nY ET300J-60 电热水器 60 升 还没安装
4	还没装，等安装之后再来吧，为装修备的货。
5	大小刚刚好，安装收了140材料费，活接、弯头啥的。试机顺利，16度加热到30度用了6分钟左右…
6	价格便宜质量好！值得再次购买
7	像个圆筒，跟想象的有点不同。用起来还是很方便的，烧水快。厂家服务也很好。
8	很不错的产品，品牌信得过。
9	热水器可以，但是任何配件都没有，都要收费，另外安装来的很及时，但是态度就。。。
10	安装配件太贵了，一个支架80块，一个挂钩50块，接头20一个要用好多个，比五金店贵了好几倍，…

图 2-6　保存为新的 CSV 文件

不同于文本数据清洗，图片数据的清洗更加复杂。网上采集到的图片数据集中往往存在一些不相关图片，在图片标注工作前需要对其进行一定的清洗。可能需要使用一些图像识别算法和人工智能技术，对图片进行分类、去除不相关图片、筛除模糊和尺寸过小的图片等，达到数据清洗的目的。很多复杂的情况需要人工和机器协作进行多层次的清洗。

另外，对于普遍的数据传输和存储，数据去重（data deduplication）技术是专用的数据压缩技术，用于消除重复数据的副本。在存储去重过程中，一个唯一的数据块或数据段将分配一个标识并存储，该标识会加入一个标识列表。当去重过程继续时，一个已存在于标识列表中的新数据块将被认为是冗余的块。该数据块将被一个指向已存储数据块指针的引用替代。通过这种方式，任何给定的数据块只有一个实例存在。

2.3　作业与练习

1．数据采集方法有哪些？
2．数据采集流程是怎样的？
3．如何看待基于 Flume 的数据采集？
4．针对不同的业务需求，数据清洗的方法有哪些？
5．数据清洗流程包括哪几个环节？

参考文献

[1] 百度百科．TTS 语音合成系统[DB/OL]．（2022-05-23）[2022-08-02]．https://baike.baidu.com/item/TTS 语音合成系统/4102022?fr=aladdin．

[2] 博客园．Flume 日志收集系统介绍[DB/OL]．[2022-08-03]．https://

www.cnblogs.com/wangtao1993/p/6404232.html.

[3] CSDN．常用数据清洗方法大盘点[DB/OL]．（2018-08-22）[2022-08-05]．https://blog.csdn.net/w97531/article/details/81947376．

[4] 博客园．数据预处理[DB/OL]．[2022-08-07]．https://www.cnblogs.com/2589-spark/p/4261169.html．

[5] 博客园．数据清洗基本概念[DB/OL]．[2022-08-09]．https://www.cnblogs.com/tomcattd/p/3372341.html．

第 3 章

数据标注分类及应用

在业界，2017 年被定义为"人工智能的元年"[1]。随着科学技术的飞速发展，信息技术作为其代表，发展速度更是令人瞩目，大数据研究和应用给人类的生产生活带来越来越多的便利，得益于此，从书面理论再到实际应用，人工智能迅速走进我们的生活，并与我们的生活紧密联系在一起。那么，不少人不禁想问，人工智能发展和应用所需要的大量数据是如何进行加工处理，从而把海量无序的数据转变成机器所能理解的数据的呢？我们在这里就做出具体的介绍。

目前，数据行业的标注对象主要有图像、语音、文本等类型。下面我们就来了解一下这三种数据标注的类型、应用以及标注规范。

3.1 图像标注

近年来，人们对图像标注问题的研究越来越深入。作为数据标注重要的类型之一，图像标注可以说是应用最广泛、最普遍的一种数据标注类型。

3.1.1 什么是图像标注

图像标注问题的本质是视觉到语言的问题，通俗地说，就是"看图说话"，我们希望算法能够根据图像得出描述其内容含义的自然语句。但是，这对于小朋友都很简单的事，对于计算机视觉领域来说，却是一个不小的挑战，因为解决图像标注问题需要将图像信息"翻译"成文本信息才行。

3.1.2 图像标注任务类型

1. 图像分类/判断

图像分类/判断属于难度比较低的图像标注类型，是根据各目标在图像信息中所反映的不同特征，把不同类别的目标区分开来的图像处理方法。如图 3-1 所示，根据图片内容进行猫/狗的分类。

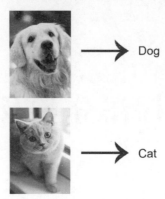

图 3-1 图像分类

2. 图像检测

图像检测也叫目标检测/提取，会在图像或视频中，让计算机找出其中所有目标的位置，并给出每个目标的具体类别。对计算机而言，能够"看到"的是图像被编码之后的数字，它很难理解高层语义概念，比如图像或者视频帧中出现的目标是人还是物体，更无法定位目标出现在图像中哪个区域。图像检测的主要目的是让计算机可以自动识别图片或者视频帧中所有目标的类别，如图 3-2（a）所示，并在该目标周围绘制边界框，标出每个目标的位置，如图 3-2（b）所示。

（a）分类　　　　　　　　（b）准确检测出每个斑马在图上出现的位置

图 3-2 图像检测

3. 语义分割

语义分割结合了图像分类、目标检测和图像分割，通过一定的方法将图像分割成具有一定语义含义的区域块,并识别出每个区域块的语义类别,实现从底层到高层的语义推理过程,最终得到一幅具有逐像素语义标注的分割图像,如图3-3所示。语义分割用来识别构成可区分类别的像素集合。例如,自动驾驶汽车需要识别车辆、行人、交通信号、人行道和其他道路特征。语义分割可用于多种应用场合,如自动驾驶、医学成像和工业检测。

图3-3 语义分割

4．实例分割

实例分割目的是将输入图像中的目标检测出来,并且对目标的每个像素分配类别标签,如图3-4所示。实例分割既具备语义分割的特点,需要做到像素层面上的分类,也具备目标检测的部分特点,即需要定位出不同实例,即使它们是同一种类。

图3-4 实例分割

3.1.3 图像标注方式

1．关键点标注

关键点标注主要应用是对人体或者动物脸部以及身体的关键点进行标注,通过不同方位的关键点标注,可以判断图像上的物体形态。常用的关键点标注包括手势21个关键点标注、人脸68个关键点标注、人脸108个关键点标注、人体 22 个关键点标注、动物脸部关键点标注等，主要应用于人脸识别、手势识别以及步态识别等场景中，如图 3-5 所示。

图 3-5　关键点标注

2. 矩形框标注

矩形框标注是一种对目标对象进行目标检测框标注的简单处理方式，常用于标注处于运动中的人、车、物等。在矩形框标注的帮助下，机器学习模型通过训练能够识别出所需的目标对象，如图 3-6 所示。在自动驾驶系统中，以矩形框标注的方式确定图像中出现的车辆，再进行下一步的车辆识别；在光学字符识别（optical character recognition，OCR）应用中，需要以矩形框的形式将各文档中需要识别转换的内容标注出来。矩形框标注的方式虽然简单，但在多数应用中非常有效。

图 3-6　矩形框标注

3. 区域标注

区域标注是指将图像分成各具特性的区域并提取出感兴趣部分的过

程。区域标注包括开区域标注和闭区域标注。按照通用定义，区域标注需同时满足均匀性和连通性的条件，其中均匀性指的是该区域中的所有像素点都满足灰度、纹理、彩色等特征的某种相似性准则；连通性是指在该区域内存在连接任意两点的路径。与矩形框标注相比，区域标注要求更加精确，标注边缘可以是多边形甚至是柔性曲线，如上文所提到的语义分割与实例分割都属于区域标注。

4. 3D 点云标注

3D 数据通常可以用不同的格式表示，包括深度图像、点云、网格和体积网格。作为一种常用格式，点云表示将原始几何信息保留在 3D 空间中，而不会进行任何离散化。因此，它是诸如自动驾驶和机器人技术之类的许多场景中理解相关应用程序的首选表示法。3D 点云标注是在激光雷达采集的 3D 图像中，通过 3D 框将目标物体标注出来，如图 3-7 所示。目标物体包括车辆、行人、广告标志和树木等，标注后的 3D 图像供计算机视觉、无人驾驶等人工智能模型训练使用。

图 3-7　3D 点云标注

3.1.4　图像标注案例

目前，图像标注在各行各业广泛应用。下面以智能安防领域应用为例，简要介绍 5 种数据标注案例。

1. 人脸标注

人脸标注是一个应用广泛并且在不断发展的数据标注类型，在智能安防中，主要应用于人脸识别与身份识别。最初的人脸标注是通过对人脸进行标框标注，训练人工智能进行人脸判定，后期伴随着人脸识别算法技术的发展，开始使用描点标注，训练人工智能进行人脸识别，如今描点标注已从简单的 29 点发展到了超过 108 点。如图 3-8 所示，在一张人像图片中，除了对人脸进行了标框标注，还进行了描点标注。

图 3-8　人脸标注

2. 表情分析

表情分析是一种分类标注，在机器学习时，需要配合人脸标注进行。在智能安防中，表情分析是智能安防系统从被动防御向主动预警发展的关键技术。通过观察一个人的表情，可以在一定程度上分析出其接下来的行为，例如吵架的人表情会愤怒，轻生的人表情会悲伤，偷盗的人表情会紧张等。

如图 3-9 所示，A 图中的人物表情为愤怒，B 图中的人物表情为开心，C 图中的人物表情是悲伤。由于表情分析在标注时会存在主观因素，所以这一类标注还没有得到广泛的应用。

图 3-9　表情分析

3. 行人标注

行人标注是对行人进行标框标注，主要应用于进出人数的统计，一般在商城、超市、市中心、车站、学校、工厂等人员容易密集的场所需要通过进出人数的统计来判断容纳人员是否已经饱和，可以有效地防范因为人员过于密集而造成危险。如图 3-10 所示，在一张工厂区域图片中，对行人进行了标框标注。

4. 行为标注

行为标注，是对特定行为进行区域标注和分类标注，主要应用于对危险行为的监控，例如打架、晕倒、车祸、轻生、偷盗等，视频监控系统识别出危险行为后，可以及时报警。如图 3-11 所示，在一张路口图片中，对两个正在打架的人进行了标注。

图 3-10　行人标注

图 3-11　行为标注

5．物品标注

物品标注是对物品进行标框标注及分类标注。在智能安防中，物品标注需要和行为标注结合，例如图 3-12 中，一个人手持一根棍子准备砸汽车玻璃，此时我们需要标注这个棍子是凶器。

图 3-12　物品标注

3.2 语音标注

语音标注与人工智能有着密切的关系，因此，与语音标注相关的问题都值得我们重视和学习。本节将探索性地学习一些与语音标注相关的知识。

3.2.1 什么是语音标注

语音标注是数据标注行业中一种比较常见的标注类型。语音标注就是标注员把语音中包含的文字信息、各种声音"提取"出来，再进行转写或者合成。标注后的数据主要被用于人工智能机器学习，这相当于给计算机系统装上了"耳朵"，使其具备"听"的功能，从而让计算机可以实现精准的语音识别能力。

3.2.2 语音标注任务类型

1．ASR 语音转写

ASR 就是自动语音识别技术，是一种将人的语音转换成文本的技术。语音转写就是将语音数据转写成文字数据的过程，是数据标注领域比较常见的一种标注形式。转写是把一种字母表中的字符转换成另一种字母表中的字符的过程，简单来说，转写就是字符之间相对应的转换。语音转写只能相应地把一个字母表中的字符转换为另一个字母表中的字符，从而保证两个字母表之间能够进行完全的、无歧义的、可逆的转换。因此，转写是针对拼音文字系统之间的转换而言的。ASR 语音转写就是通过拼音和文字的对应关系把语音信号转变为相应的文本或命令的技术。

2．语音分割

语音分割是指标记语音信号的开始时间和结束时间，划分语音中句子、单词、音节等的边界的过程。根据算法要求的不同，语音分割标注有很多种不同的标注方式，如有效片段分割、无效片段分割、主说话人语音分割、起止时间段分割等，正如大多数自然语言处理问题一样，进行语音分割需要考虑到语境、语法和语义。

3．语音清洗

语音清洗是对语音进行重新审查和校验的过程，目的在于删除重复的信息，纠正存在的错误，并提供语音一致性。语音清洗是语音数据预处理的第一步，也是保证后续结果正确的重要一环。

4．情绪判定

人类的语音中包含了许多信息，语音中的情绪信息是反映人类情绪的一个非常重要的行为信号,同时识别语音中所包含的情绪信息是实现自然人机交互的重要一环。同样一条语音内容,用不同的情绪说出来,其所带有的语义可能是完全不同的。只有计算机同时识别出语音的内容以及语音所带有的情绪,我们才能准确地理解出语言的语义,因此理解语音所带有的情绪能让人机交互变得更有意义。

5. 声纹识别

声纹识别是生物识别技术中的一种,通过对一种或多种语音信号的特征分析来达到辨别未知声音的目的,简单地说就是辨别某句话是否是某个人说的一种技术。

不同的人说话时所使用的发声器在尺寸和形态方面都各不相同,所以每个人的声纹图谱都有一定的差异,主要体现在共鸣方式特征、嗓音纯度特征、平均音高特征和音域特征这四个方面。声纹识别就是把声信号转换成电信号,再用计算机进行识别。

目前来看,声纹识别常用的方法包括模板匹配法、最近邻方法、神经元网络方法、VQ 聚类法等。

声纹识别主要应用在公安、司法等需要利用声纹鉴定人员身份的领域中;在日常生活中还被用于身份认证、登录、授权、打卡、语音唤醒等。

6. 音素标注

音素是根据语音的自然属性划分出来的最小语音单位,依据音节里的发音动作来分析,一个动作构成一个音素。音素是构成音节的最小单位或最小的语音片段,是从音质的角度划分出来的最小的线性的语音单位。

用国际音标标注语音的方法称作标音法,有宽式和严式两种。宽式标音法以能辨义的音位标音;严式标音法则以严格的音素区别来标音,尽量表现各音素间的区别。宽式标音法采用的符号有限,而严式标音法所采用的符号极多,但两者各有用途。

简单来说,音素标注就是根据音标、组成音素和读音对语音进行标注。

7. 韵律标注

语音合成系统中的韵律标注一般采用基于文本信息预测韵律的方式。以中文标注为例,通常根据声母、韵母、词、短语、段落等信息进行韵律预测,再由专业的标注人员根据韵律预测结果完成韵律标注,如图3-13所示。

今天 早些时候 我在 杭州 参加了 马拉松

今天/[时间]我/[人物]杭州/[地点]
马拉松/[事件]

图 3-13 韵律标注

3.2.3 案例分享：方言片段截取标注

1. 操作界面

方言片段截取标注操作界面如图 3-14 所示。

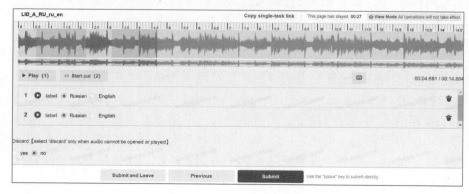

图 3-14　方言片段截取标注

2. 准确率

句准要求：95%。

3. 目的

截取出音频中属于目标方言的片段，并标注出对应方言类型。

注意：① 普通话包括地方普通话，例如川普等带口音的普通话。

② 不是能听懂每一个字就是地方普通话，注意不要和其他语系方言混淆。

③ 非目标语系方言及普通话不需要截取，例如重庆话队列中出现了粤语，粤语不截取。

④ 整条音频为普通话或非目标语，不进行截取操作，直接提交。

4. 截取要求

（1）需要截取的目标方言包括说话、有歌词的唱歌、收音机等播放的语音，不包括没有歌词的轻哼。不允许目标方言片段漏截取、截错。若有普通话片段被截取出来的必须正确标注。

（2）如果遇到说话人吐字不清，或说话声音小的情况，只要难以确认是否为方言/普通话，不截取。如果确认为目标方言，但是听不清音频内容，需要截取并标注为方言。也就是说不用听懂每一个字，但是截取的音频要能明确分辨出是目标方言还是普通话。

（3）在截取时，目标语音前后可留白 0~0.3 s，但注意不要多截取（留白超过 0.3 s）和漏截取（目标语音未截取完整，比如有半个字在外面未截取）。唱歌的拖音也要截取，比如歌曲"青藏高原"中"原"的拖音，清晰部分需要截取完整。

（4）同一类型目标语音之间间隔小于 0.5 s 时可以（不是必须）放在同一片段；当间隔大于 0.5 s 时，则必须要分开截取标注。无论说话人是否发生转变，只需要对语音类型进行对应分类。

（5）当语音类型发生转变（目标方言切换到普通话、普通话切换到目标方言）时，需要分开截取并进行正确分类。

（6）笑声特殊说明：即使笑声中可以听到清晰人声（哈、哈、哈、哈），也不截取。即能明确是笑声就不截取。

（7）语音片段小于 0.5 s（时间严格要求）一定不截取（0.5 s 指有效音频的长度，不包括前后留白）。

（8）"嗯""啊"等无法区分语音类型的单音节字，不进行单独截取；但如果是同一人说话的连续语音，单音节字可以一起截取，即可以截取"嗯，今天天气真好"，但不可以单独截取"嗯"。

（9）如果可以判断出是机器音/特效音，比如"哎哟我的妈呀""你别笑"等来自短视频上的特效声，不进行截取，无法判断是否特效或机器音的可以不截取，因为普通话漏截取不判错。

（10）机器音的"嗯"不要和方言截取在一起，除非是重叠时作为目标截取语音的背景音（声音小）。

5. 背景音处理

（1）背景音是纯噪音或没有文字的人声（咳嗽、笑声、尖叫声）等，忽略。

（2）背景音为非目标方言非普通话人声，忽略。

（3）背景音为目标方言或普通话，且背景音与前景音不重叠时，背景音也需要截取并标注"方言/普通话"。

（4）背景音为目标方言或普通话，且背景音与前景音重叠时，重叠部分以声音大的为准，截取并标注对应属性。例如，普通话和目标方言重叠，其中目标方言声音更大，截取语音段并选择"方言"。

（5）如果其他方言（非目标方言和普通话的其他说话）声音明显盖过了目标方言或者普通话，就认为该片段是其他方言（因为做语言训练肯定会识别声音更大更清晰的语言），不截取。

3.3 文本标注

作为最常见的数据标注类型之一，文本标注是指对文字、符号在内的文本进行标注，让计算机能够读懂识别，从而应用于人类的生产生活领域。

3.3.1 什么是文本标注

自然语言对话是网络大数据语义理解的主要挑战之一，被誉为"人工智能皇冠上的宝石",而文本数据标注就是这一系列工作中最基础、最重要的环节。自然语言对话系统的研究是希望机器人能够理解人类的自然语言,同时实现个性化的情感表达、知识推理和信息汇总等功能。文本数据标注就是为了让机器准确识别人类的自然语言,并促使机器对人类的自然语言做出精准定位。

文本标注其实是一个监督学习问题。我们可以把标注问题看作是分类问题的一种推广方式,同时,标注问题也是更复杂的结构预测问题的简单形式。标注问题,其输入是一个观测序列,其输出是一个标记序列或者状态序列。标注问题的目的是建立学习模型,使该模型能够对观测序列给出标记序列作为预测。需要注意的是,标记个数是有限的,但其组合而成的标记序列的个数是依照序列长度呈指数级增长的。

3.3.2 文本标注类型

文本数据标注分为序列标注、关系标注、属性标注等类型。其中,序列标注包括词性、实体、关键字、韵律、意图理解等;关系标注包括指向关系、修饰关系、平行语料等;属性标注包括文本类别、新闻、娱乐等。下面对部分概念进行详细介绍。

1. 序列标注

序列标注是一个比较简单的自然语言处理(natural language processing,NLP)任务,也是文本标注中最基础的任务。序列标注的涵盖范围非常广泛,可用于解决一系列对字符进行分类的问题。

实体标注用于命名实体识别,其目的是识别出文本里的专有名词(实体)且判断该名词属于哪个类(实体类别),最常见的 3 种命名实体类别为人名、地名和机构名,其他细分的命名实体类别还有歌名、电影名、电视剧名、球队名、书名、酒店名等。

词性标注是文本数据标注的一种形式,可标注文本内容的实体名称、实体属性和实体关系。

韵律标注是标注韵律符号的位置。韵律是句子中字词之间的停顿。大多数情况下,一句话中不能完全没有停顿,总会出现或长或短的停顿,这些停顿就是要标注的韵律符号的位置。根据停顿长度的不同,韵律符号也会相应发生变化。

意图理解就是搜集各种用户的问法,然后按领域分类,标记每句话表达的意图以及其在对话系统中的槽位、槽值。

2. 关系标注

关系标注是对复句的句法关联和语义关联做出重要标示的一种任务,当完成一个文本的实体类别标注时,可以对实体间的关系类型进行标注。

3. 属性标注

属性标注就是为文本数据中的对象属性打上标签。其中情感标注用于情感识别，又叫情感分析、情绪识别，是属性标注中比较常见的一种类型。情感标注的任务就是标记原始文本对应的情感。例如，正面、负面和中性（无情感），细分类的还有高兴、愤怒、悲伤等，甚至还会对情绪的强度进行标注或打分，如愤怒分为一般愤怒、非常愤怒等。

3.3.3 文本标注应用领域

文本标注在我们的生活中应用还是比较广泛的。具体来说，文本标注应用比较多的行业有客服行业、金融行业、医疗行业等。应用类型主要有数据清洗、语义识别、实体识别、场景识别、情绪识别、应答识别等。

1. 客服行业

在客服行业，文本标注主要集中在场景识别和应答识别。以电商平台的智能客服机器人为例，当用户在购物遇到问题，需要与机器人沟通交流时，人工智能将根据用户的咨询内容切入对应的场景里，然后让用户选择更细分的应答模型，再定位到用户的实际场景中，根据用户的具体问题，给出对应的回答。整个过程就好比是把用户的问题用漏斗状的筛子过一遍。

在初期建立应答体系时，需要对海量用户咨询语言所生成的文字材料进行分类，把对应的用户咨询的问题事先标记好，然后再放进对应的模型中。比如，"我看的这台计算机 CPU 是什么型号"，具体过程如图 3-15 所示。

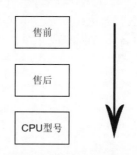

图 3-15 客服行业文本标注

在这一步中，数据标注的具体工作就是给句子的场景打标，将用户的问题细分进对应的场景中。在进行这种标注时，需要人工智能非常熟悉本行业的业务逻辑树，其实质就是建立机器人的应答知识库。机器人在收到用户发出的指令时，需要识别这些指令和哪个细分问题的拟合度最高，然后选取对应问题的答案作为给用户的答案。

2. 金融行业

线上平台标注和线下表格标注是金融行业文本标注主要的标注形式。下面以金融行业企业标注的线下标注内容举例。

尽管人工智能会通过大量整理好的语料尽量穷举对应场景和模型的应答知识库，但是用户提问的方式通常都是不一样的，很多问题需要根据上下文和其应用场景才能做到充分理解，再加上机器的识别是一个概率问题，最终识别成什么问题,以及最终给出什么答案都存在阈值,所以识别错误等异常情况也是不可避免的。

一般出现错误的情况,被称作"badcase"。这时候,需要数据标注员对原始的聊天数据进行标记,看机器人的回答是否正确。如果不正确,就必须分析出现的问题是哪一种,是一级分类错误还是二级分类错误,或是回答的内容不够好,不能满足用户的需求。

打个比方,当用户问信用卡怎么办理时,机器人回复的却是储蓄卡的办理流程,这就是"badcase"。这是因为,机器人把问题进行了错误的分类,从而出现回答错误的情况。这时就需要将出现的错误筛选出来,并根据业务逻辑树进行分类,标记完成后由专人对应答情况进行调优。

3. 医疗行业

在医疗行业,对自然语言进行标记处理时,对专业度要求比较高,只有专门的医学人才才能进行标注。本行业的标注对象往往是从病历中抽取出来的一些字段,病历里面的体查项和既往病史是有模板的,直接识别可替换项的结果就可以,这往往比较容易。但是,主诉和医生对患者的描述通常都会有所差异。

我们在做标注时可以这样处理:首先明确每个词的属性,即每个词在这种语境下具备怎样的属性,然后标注每个词在句子中的作用。举个例子,患者主诉为腰痛 2 年,伴左下肢放射痛 10 日余,如图 3-16 所示。

腰痛2年,伴左下肢放射痛10余日		
分词	属性	位置
腰	器官	主
痛	症状	谓
2	时间	宾
年	时间	宾
,	—	—
伴	—	—
左	方位	主
下	方位	主
肢	器官	主
放射	修饰属性	谓
痛	症状	谓
10	时间	宾
余	时间	宾
日	时间	宾

图 3-16 医疗行业文本标注

这种标注的目的在于让机器去识别患者主诉中的每一个词,通过进行大量的数据标注,人工智能就能够识别每个词具备怎样的属性,在句子中有什么作用,在这种语境下扮演什么角色,并且教会机器拆词,识别哪些是有用的,哪些是无用的。

3.4 视频数据标注

随着流媒体的飞速发展，视频信息越来越多地成为人们关注的焦点，多媒体信息检索的需求也越来越多地从图像过渡到视频。视频信息融合了图像、语音、文本等多种类型的数据，随着技术的发展，视频数据标注的需求也越来越多。

3.4.1 什么是视频数据标注

与图像数据标注类似，视频数据标注是教计算机识别对象的过程。这两种数据标注方法都是更广泛的人工智能领域——计算机视觉（computer vision）的一部分，该领域旨在训练计算机模仿人眼的感知质量。

视频标注的目的是对场景中活动目标的位置、形状、动作、色彩等有关特征进行标注，提供打标数据供跟踪算法使用，从而实现对场景中互动目标的检测、跟踪、试表，以及进一步的行为分析和事件检测。

3.4.2 视频与图像数据标注的差异

视频标注与图像标注有很多相似之处，但这两个过程之间也存在显著差异，主要体现为以下几点。

1．数据

视频的数据结构比图像更复杂。就每个数据单位的信息量而言，视频往往高于图像。利用视频，不仅可以识别对象的位置，还可以识别该对象是否在移动以及在向哪个方向移动。例如，图像无法表明一个人正在坐下去还是站起来，但一段视频就可以。

视频还可以利用先前帧中的信息来识别可能被部分遮挡的对象，而图像不具备这个功能。考虑到这些因素，每个数据单位的视频可以提供比图像更多的信息。

2．标注过程

与图像标注相比，视频标注的难度又高了一级。标注员必须同步跟踪在各帧之间不断变换状态的对象。为了提高效率，许多团队使用自动化的流程组件。当今的计算机可以在无须人工干预的情况下跨帧跟踪对象，因此可以用较少的人工来标注整个视频片段。最终结果是视频标注过程通常比图像标注过程快得多。

3．准确性

使用自动化工具标注视频时，帧与帧之间有着更好的连续性，发生错误的几率更低。标注多张图像时，必须对同一对象使用相同的标签，但可能会出现一致性错误。标注视频时，计算机可以自动跨帧跟踪一个对象，并在整个视频中通过背景来记住该对象。与图像标注相比，视频标注具有更高的一致性和准确性，从而可以更好地提高 AI 模型预测的准确性。

3.4.3 视频数据标注的分类

1．视频追踪

视频追踪标注是将视频数据按照图片帧抓取进行标框标注，标注后的图片帧按照顺序重新组合合成视频数据，视频跟踪标注主要用于训练自动驾驶系统对识别目标的移动跟踪能力，让自动驾驶系统在移动过程中更好地识别目标。

2．视频分类

视频分类标注与图像分类标注类似，就是根据视频内容将视频分类并逐个打上标签，如古代、游戏、成人、女人、都市、长发等。

3．视频打点

视频打点即设置视频信息提示点，就是按照视频的时间点设置展示内容，比如在两分钟的时候设置一个打点，配上文字或者截图。例如，当鼠标移到视频播放条上的白色小点，则显示出在该点上所播放的内容。

4．视频信息提取

视频信息提取指结合视频中的图像内容、声音，以及文字字幕等对该视频进行关键信息提取，可应用于视频内容审核等领域的机器学习。

3.5 作业与练习

1．常见的图像标注包括哪些任务类型？
2．图像标注的方式一般分为哪几种？
3．人脸关键点标注的主要应用场景有哪些？
4．语音标注一般有哪些任务类型？
5．日常生活中有哪些场景或功能是通过语音标注实现的？
6．视频数据标注都有哪些常见类型？

参考文献

[1] 前瞻 IT 科技．2017 将是人工智能的元年[DB/OL]．（2022-07-14）[2022-08-20]．https://www.sohu.com/a/567353608_121056505．

第 4 章

数据标注流程及管理

数据标注企业通常是同时实施多个数据标注项目,这些项目的体量可大可小且一般项目类型多样,为了确保这些项目能够同时井然有序地推动和管理,企业需要有成熟的项目管理手段和项目管理流程。

4.1 数据标注项目流程

数据标注的项目全流程,可以结合项目管理专业人士资格认证(project management professional,PMP)知识,分为启动、规划、执行、监控和收尾五大过程组,涉及十大知识领域,如表 4-1 所示。

表 4-1 PMP-项目管理五大过程组

十大知识领域	五大过程组				
	项目启动	项目规划	项目执行	项目监控	项目收尾
项目整合管理	制定项目章程	制订项目管理计划	指导与管理项目工作	实施整体变更控制	更新项目文件
项目范围管理	—	规划范围管理	—	确认范围和控制范围	获得可交付成果验收
项目进度管理	—	规划进度管理	—	控制进度	—
项目成本管理	—	规划成本管理	—	控制成本	—
项目质量管理	—	规划质量管理	管理质量	控制质量	—
项目资源管理	—	规划资源管理	获取资源	控制资源	释放资源

续表

十大知识领域	五大过程组				
	项目启动	项目规划	项目执行	项目监控	项目收尾
项目沟通管理	—	规划沟通管理	管理沟通	监督沟通	—
项目风险管理	—	规划风险管理	实施风险应对	监督风险	—
项目采购管理	—	规划采购管理	实施采购	控制采购	结束采购活动
项目相关方管理	识别相关方和建立虚拟团队	规划相关方参与	管理相关方参与	监督相关方参与	虚拟团队解散

结合数据标注实际项目实施流程，以上五大过程组具体又可以从若干细节方面着手。

4.1.1 项目启动

项目启动可以简单理解成资源整合。在数据标注项目实际实施过程中，项目启动过程组又涉及若干流程。首先需要完成项目章程的编写，项目章程的主要作用是批准项目实施，任命项目经理并授权项目经理使用项目资源。接着需要进行项目团队的组建，即识别项目相关方，将项目相关方召集并组建成一支服务于该项目的虚拟团队。为了满足项目的生产环境，还需要进行环境配置，即配置项目执行所需的软件和硬件设备。在以上工作都准备充分后，就可以召开项目启动会议，宣布项目正式启动和实施，启动大会也能够调动相关方的积极性，让项目相关方从上到下达成共识，为项目团队的工作开展扫除障碍。由于项目具有临时性和独特性，不同项目对于人员的技能要求不一样，为了确保项目相关方掌握项目实施所需的知识技能，有时候也需要对相关方进行知识培训。在数据标注项目实际实施过程中，为了让各生产团队充分了解项目标注要求并快速开始生产，通常会进行项目试做，即项目试标，在试标过程中，试标团队需要发现项目存在的风险与问题并及时反馈，试标完成后质量满足项目要求的生产团队可以获得项目的正式参与资质，如表4-2所示。

表4-2 一般数据标注项目-项目启动过程组

项目章程	团队组建	环境配置	启动会议	知识培训	项目试做
批准项目实施，任命并授权项目经理使用项目资源	识别项目相关方，建立虚拟团队	配置软件和硬件设施	宣布项目正式实施	项目实施所需知识培训	发现项目风险与问题并反馈，获得项目的参与资质

4.1.2 项目规划

在标注项目实际实施过程中,项目规划过程组需要做的具体内容又包括若干方面。为了使标注团队明确标注要求,一般要先制定项目标注规则,定义项目需求以及项目范围。而为了更好地在整个项目实施期间管理项目,为项目进度控制提供指导和方向,还需要制订进度管理计划,定义项目所需活动、活动顺序、活动持续时间,资源情况和制约因素。为了确保项目收益,项目的成本也需要进行规划和控制,所以需要制订成本管理计划,定义成本估算、预算、管理、监督和控制方式。项目是否可交付,由是否可通过验收来决定,而是否通过验收需要判断项目是否符合制定的项目验收标准,项目验收标准定义了项目及其可交付成果的质量要求、质量测试方式、质量衡量标准。

一般来说,企业的资源是多项目共用的,或者由于一些制约因素,资源在使用的过程中无法"召之即来",所以需要提前对资源的使用做规划,也就是需要制订资源管理计划,定义如何估算、获取、管理和利用项目资源。对于数据标注项目而言,项目沟通多发生在线上,需要和谁沟通,不同沟通对象的沟通内容、沟通方式、沟通时间、沟通周期等也需要做统一规划,确保所有人的沟通需求都能被满足,高效的沟通过程能够为项目的顺利进展提供基础,制订沟通管理计划目的就是定义沟通方式,确保项目及相关方所需信息,提高沟通的有效性。项目的实施是伴有风险的,一般在项目实施前需要根据以往类似的项目经验或者可预测到的风险进行项目的风险管理,也就是制订风险管理计划,识别可能存在的风险,对风险进行定性、定量分析,并制定风险应对措施。有些企业的标注项目成功是通过采购方式实现的,因此也需要制订采购管理计划,识别潜在卖方,记录采购决策,定义采购方法。为了确保项目相关方了解项目进度以及满足各相关方对项目的关注需求,还需要分析相关方的需求与期望,根据相关方影响力和参与度制订相关方参与计划,使项目发展和相关方期望均取得积极影响,如表 4-3 所示。

表 4-3 一般数据标注项目-项目规划过程组

工作内容	目的
制定项目标注规则	定义项目需求以及范围
制订进度管理计划	定义项目所需活动、活动顺序、活动持续时间
制订成本管理计划	定义成本估算、预算、管理、监督和控制方式
制定项目验收标准	定义项目及其可交付成果的质量要求、质量测试方式、质量衡量标准
制订资源管理计划	定义如何估算、获取、管理和利用项目资源
制订沟通管理计划	定义沟通方式,确保项目及相关方所需信息,提高沟通的有效性

续表

工作内容	目的
制订风险管理计划	识别可能存在的风险，对风险进行定性、定量分析，并制定风险应对措施
制订采购管理计划	识别潜在卖方，记录采购决策，定义采购方法
制订相关方参与计划	分析相关方的需求与期望，根据相关方影响力和参与度制订相关方参与计划

4.1.3 项目执行

在标注项目实际实施过程中，项目执行过程组需要按照规划过程组，即4.1.2 节规划后的工作计划推进。在各事项推进过程中，各负责人应做好事项进度和结果的跟进与同步，若实际达成情况和计划有差异，需要进行偏差分析，根据偏差程度的影响深度和范围，及时采取应对措施或进行规划调整。

4.1.4 项目监控

在标注项目实际实施过程中，项目监控过程组需要关注如下内容。首先是控制范围，跟踪和审查项目绩效，确保项目范围符合要求，并及时更新项目范围和进行范围基准变更管理。为了确保项目按时交付，项目实施过程组还需要控制进度，结合进度管理计划，确保进度符合预期，并及时更新项目进度和进行项目进度基准变更管理。为了确保项目收益还需要控制项目成本，可以通过挣值分析等工具，确认项目成本状态，并及时更新项目成本和进行项目成本基准变更管理。项目成功符合验收标准是项目交付的关键指标，因此我们需要控制质量，需要监督和记录质量管理活动执行结果，确保项目可交付成果的质量符合质量管理计划。为了确保项目资源满足项目需求，我们还需要控制资源，根据资源使用计划监督资源实际使用情况，必要时采取纠偏措施以满足项目资源需求。为了使项目沟通更快速、有效，我们还需要控制沟通，根据沟通管理计划，确保项目及相关方所需信息被正确传达或记录。项目的风险是贯穿项目全周期的，为了确保项目顺利交付我们还需要控制风险，跟踪已识别风险发生状态，识别、分析和登记新风险，并评估风险管理措施的有效性。有对外进行采购的项目需要控制采购，可以通过对项目绩效进行数据分析，评估采购活动是否符合预期，必要时实施变更和纠偏或结束采购。为了确保项目相关方按项目需要参与项目，还需要控制相关方参与，通过评估相关方实际参与情况，修改相关方参与计划来引导相关方合理参与项目，如表 4-4 所示。

表 4-4 一般数据标注项目-项目监控过程组

工作内容	目的
控制范围	跟踪和审查项目绩效，确保项目范围符合要求
控制进度	结合进度管理计划，确保进度符合预期

续表

工作内容	目的
控制成本	通过挣值分析等工具，确认项目成本状态
控制质量	监督和记录质量管理活动执行结果，确保项目可交付成果的质量符合质量管理计划
控制资源	监督资源实际使用情况，必要时采取纠偏措施以满足项目资源需求
控制沟通	确保项目及相关方所需信息被正确传达或记录
控制风险	跟踪已识别风险发生状态，识别、分析和登记新风险
控制采购	对项目绩效进行数据分析，评估采购活动是否符合预期
控制相关方	修改相关方参与计划来引导相关方合理参与项目

4.1.5 项目收尾

在标注项目实际实施过程中，项目收尾过程组同样也需要处理好不少事项。项目的收尾需要获得客户对项目可交付成果的书面验收并且完成可交付成果的移交。移交完可交付成果，接着需要结束采购，完成合同收尾和行政收尾，也就是完成货款的支付以及参照普遍公认的做法和政策获得法律意义上的收尾文件，确保已按照合同要求完成交付，确保责任转移并形成验收通过的书面记录。获得书面验收确认后需要完成最终报告，更新项目数据记录，完成和分发项目的最终报告。为了给后续类似项目提供参考，还需要做好项目材料整理，记录项目实施过程中存在的问题及用于应对问题的风险措施，完善组织过程资产的更新记录并归档。项目确认交付后，需要进行资源释放，将项目内的团队成员、设施、物料等资源进行归还或释放。为了进行项目交付能力的复盘和提升，还需要进行满意度测量，可以用问卷等适当方式获得客户或相关方的满意度评价，根据客户满意度调研结果进行项目回顾总结，必要时采取补救措施，如表4-5所示。

表4-5 一般数据标注项目-项目收尾过程组

工作内容	目的
成果验收	获得客户对项目可交付成果的书面验收
结束采购	完成财务、法律和行政的收尾
最终报告	更新项目数据记录，完成和分发项目的最终报告
材料归档	完善组织过程资产更新记录并归档
释放资源	将项目内的团队成员、设施、物料等资源进行归还或释放
满意度测量	用问卷等适当方式获得客户或相关方满意度评价，必要时采取补救措施

4.2 数据标注团队架构

在解释数据标注团队架构之前，我们可以先理解下数据标注项目的来源，一般数据标注项目是由需求方发起的，需求方也可以称为项目发起人。

需求方根据自己的实际需求提出一个明确想达到的模型效果，然后找到模型师制定标注规则，再将项目和标注规则交接给项目经理，由项目经理进行项目实施。一般项目经理会按照采购的流程先联系资源负责人，由资源负责人找到合适的生产团队，执行采购动作，达成项目交付的目的。为了使项目执行更加顺畅，项目的实施也会有业务经理的参与。业务经理主要负责根据项目产量和质量的要求，对实际项目过程中的产量或质量进行偏差分析并采取纠偏措施，确保项目产量或质量完成情况符合项目要求。而标注平台的功能支持和优化，则需要平台经理的参与。项目交付后还需要财务经理进行货款支付。数据标注团队主要角色和职责如图 4-1 所示。

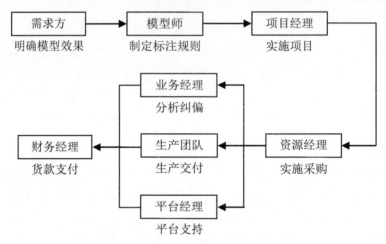

图 4-1　数据标注团队主要角色和职责

4.2.1　标注团队组建

为了满足不同项目对资源的不同需求，企业一般通过组建项目团队来实现项目的管理和执行。组建项目团队的方式一般是根据项目的实际资源需求情况，将不同职能部门、拥有不同技能、甚至不同地区的人员组建成为某个项目而生的临时团队，这个临时团队的每一位成员都需要对项目的目标达成共识，并按照约定好的团队章程，为实现项目目标而通力合作。

为了更好地组建项目团队，项目经理需要结合项目所需活动涉及的资源来评估项目所需资源类型，最终根据资源类型来确定项目组需要哪些部门成员。举一个通俗易懂的例子，现在需要做一道番茄炒蛋，假设我们所需要的材料或人力有水、番茄、鸡蛋、洗菜员、刀、砧板、切菜员、调味品、锅、铲、厨师、盘子、上菜员，将这些材料或人力按照资源类型进行归类，可以得出我们需要采购部门和人事部门的配合，才能做好番茄炒蛋这道菜，如表 4-6 所示。

表 4-6 项目资源规划

活　　动	材料或人力	资源类别	资源负责部门
洗菜	水、番茄、鸡蛋	食材	采购
	洗菜员	人	人事
切菜	刀、砧板	厨房用品	采购
	切菜员	人	人事
炒菜	调味品、锅、铲	厨房用品	采购
	厨师	人	人事
上菜	盘子	厨房用品	采购
	上菜员	人	人事

综上所述，要想确保项目团队成员的职能、技能等足以满足项目需求，项目经理要先搞清楚这个项目需要做哪些事情，也就是我们在规划阶段提到的"定义项目所需活动"，然后根据每个活动需要的资源类型，协调相关部门参与项目，从而推动项目目标的达成。

4.2.2　标注团队架构

一个数据标注项目的成功实施，一般离不开销售部、项目部、生产部、平台部、资源部和财务部的参与。在项目实施过程中，各部门相关角色有其相对应的工作职责，如图 4-2 所示。销售部门的销售经理负责订单获取；项目部的项目经理负责项目实施的计划制定与项目整体把控；资源部的资源经理负责提供标注生产所需的人力；平台部的平台产品经理负责提供标注生产所需的平台和技术支持；生产部的生产经理负责执行标注生产并确保生产结果符合项目进度和质量要求；财务部的财务经理负责对标注生产所造成的费用进行确认和结算。

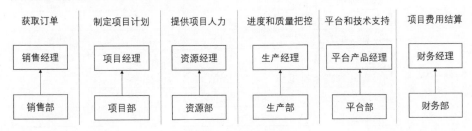

图 4-2　标注团队架构

需要说明的是，在数据标注团队中，资源经理更多的是解决标注人力的问题，资源经理需要做的是根据项目所需的人才画像，通过多渠道召集符合项目要求的标注人员，结合时间限制、成本要求等多方面因素寻找适合的标注人力以满足生产要求。而常用的标注资源一般分为三种，第一种是由供应商统一管理的标注生产团队，一般是以八小时工作制进行标注生产；第二种是众包团队，即由社会各界的散客组成的大型网络团队，众包团队的生产人力可能是宝妈、其他行业在职员工等兼职型人力；第三种是校企团队，即学校与企业建立的一种项目合作模式，通过课题研究等方式达到以工代学，以学促工的目的，校企团队的生产人力主要是高校在校学生。

4.3 数据标注角色分工

一般而言，销售经理、平台产品经理和财务经理不需要全程高度参与项目生产过程，仅在项目需要时调用，在项目不需要支持时能够继续推进各自部门的其他工作，有较强的灵活性。因此，在数据标注生产过程中，项目经理、资源经理和生产经理起到较大的牵引作用。之前我们提到项目的流程可以分为五大过程组，在不同的过程组中，各数据标注团队成员的主要工作不同，表 4-7 对项目经理、资源经理、生产经理这三大和数据标注生产高度相关的岗位分工进行了说明。

表 4-7 岗位分工

项目过程组	子过程	项目经理	资源经理	生产经理
启动	制定项目章程	主导	—	—
	识别相关方和建立虚拟团队	主导	知悉	知悉
规划	制订项目管理计划	主导	知悉	知悉
	规划范围管理	主导	知悉	知悉
	规划进度管理	主导	知悉	知悉
	规划成本管理	主导	知悉	知悉
	规划质量管理	主导	知悉	知悉
	规划资源管理	主导	知悉	知悉
	规划沟通管理	主导	知悉	知悉
	规划风险管理	主导	知悉	知悉
	规划采购管理	主导	知悉	知悉
	规划相关方参与	主导	知悉	知悉
执行	指导与管理项目工作	主导	知悉	知悉
	管理质量	主导	知悉	主导
	获取资源	主导	主导	主导
	管理沟通	主导	知悉	知悉
	实施风险应对	主导	主导	主导
	实施采购	主导	主导	知悉
	管理相关方参与	主导	知悉	知悉
监控	实施整体变更控制	主导	知悉	知悉
	确认范围和控制范围	主导	知悉	主导
	控制进度	主导	知悉	主导
	控制成本	主导	主导	知悉

续表

项目过程组	子过程	项目经理	资源经理	生产经理
监控	控制质量	主导	知悉	主导
	控制资源	主导	主导	知悉
	监督沟通	主导	知悉	知悉
	监督风险	主导	主导	主导
	控制采购	主导	知悉	知悉
	监督相关方参与	主导	知悉	知悉
收尾	更新项目文件	主导	知悉	知悉
	获得可交付成果验收	主导	知悉	主导
	释放资源	主导	主导	知悉
	结束采购活动	主导	知悉	知悉
	虚拟团队解散	主导	知悉	知悉

项目经理是整个数据标注项目的领导者，从项目启动阶段开始就需要全程参与项目，对项目进行全流程的进度、质量、成本的管理和把控，对项目的最终交付成果负责。

资源经理需要根据项目的资源需求，开发和引入数据标注相关的合作商、众包团队或者学校资源，在项目实施过程中维护资源、跟进资源使用情况，并在需要时进行资源补充或汰换，确保资源数量和质量满足项目要求。

生产经理主要负责数据标注项目的生产执行，需要调动已组织的合作商、众包团队或者学校资源按照生产计划组织生产，并跟进生产进度、质量情况，做好数据统计和问题分析，识别进度、质量风险并采取措施解决问题。

4.4 数据标注团队沟通

一个数据标注项目的实施会涉及多个部门多个角色，由于每个人的职能不同，所以每个人对项目进度或完成情况的关注程度和关注点也不同，为了更好地与项目相关方进行沟通，一般需要先识别项目相关方，然后根据相关方的关注点和沟通需求制订沟通计划。沟通贯穿整个项目周期，高效的沟通技巧和合理的沟通管理将使项目沟通更加透明、有效。

4.4.1 项目相关方管理

项目相关方和项目互相影响。项目相关方能对项目造成积极或消极的影响，同时也会受到项目积极或消极的影响。项目经理要正确识别不同相关方对项目的关注度和影响度，并根据不同相关方对项目的关注度和影响度制定相关方参与策略，合理引导相关方参与项目。

项目团队组建后，我们可以根据权力-利益方格（即由 Aubrey Mende low 于 1991 年提出的"利益相关者权力——利益矩阵"）对项目相关方做影响力分析，进而对项目相关方做管理分类。

如图 4-3 所示，对于 A 区高权力低利益的项目相关方，例如各部门领导，他们有很高的权力，但是对于项目结果关注度小，我们要做的是令其满意，得到他们对项目的支持。对于 B 区高权力高利益的项目相关方，例如客户或资源经理、业务经理等，他们有很高的权力，并且对于项目结果高度关注，我们要做的是重点关注，及时反馈。对于 C 区低权力、低利益的项目相关方，例如财务经理、平台经理等，一般他们在项目中的影响力小，但他们对项目可能存在间接影响，所以我们可以花较少的精力来监督他们。对于 D 区高权力低利益的项目相关方，他们虽然权力小但是利益大，如果不能维持 D 区人员的稳定，可能引起 D 区人员的反对，带来项目风险。

图 4-3　权力-利益方格

4.4.2　团队沟通建设

在实施相关方沟通管理时，必须先建立沟通机制，让项目相关方理解沟通的重要性，沟通不畅将导致信息丢失或误解，造成项目生产质量不佳，增加项目风险或成本。

在根据 4.4.1 节所述方法识别完项目相关方并对他们进行权力-利益方格分析后，就可以根据不同人员对项目的不同影响力和关注度，制订不同的沟通管理计划，明确每个项目相关方沟通的要求，包括使用的语种、沟通方式、信息内容、术语和详细程度；明确每个项目相关方用于传递信息的方法，如邮件、短信、即时沟通软件等。沟通管理不是一成不变的，在项目实施过程中应该先根据预先制订的沟通管理计划进行沟通管理，并在需要时进行更新、调整。

沟通是一门独立的学问。沟通方式从不同的角度考虑有不同的划分方式，多种沟通方式可以结合使用。沟通可以分为正式沟通和非正式沟通。信息公示、会议、指令发布、书面报告等官方的、严肃的信息传达属于正式沟通，为了使项目相关信息是正确的、开诚布公的，企业在沟通时一般采用正式沟通，通过正式沟通将信息正确传达，同时生成书面记录以便出现问题时能够溯源。而区别于正式沟通的方式就是非正式沟通，在进行人员管理时通常会使用非正式沟通，如茶话会，通过营造轻松的对话环境来增进沟通双方的关系，以达到良好的合作氛围。

沟通可以分为书面沟通和口头沟通。以文字为媒介进行信息的传递属于书面沟通。书面沟通的媒介载体包括书信、公告、宣传标语、手册等，通过发放或传阅等方式进行信息交流。口头沟通指的就是借助语言进行的沟通。口头沟通包括面对面的沟通、通过电话或者 App 进行的语音沟通等。和书面沟通不同的是，口头沟通富有亲切感，可以通过面部表情、语调等增进沟通效果，获得对方的情感共鸣和及时反应，从而促进双向沟通。

沟通可以分为推式沟通、拉式沟通、交互式沟通。推式沟通指的是信息发送者发送信息后，信息接收者无须对接收到的信息进行回复，信息发送者也无须确认信息接收者对于传达的信息是否理解，推式沟通也可以称为单向沟通。拉式沟通指的是信息发布者通过网页等方式发布复杂且数据量大的信息，对相关信息感兴趣的人员自行访问网页获取信息内容的方式，拉式沟通受众较广；交互式沟通指的是信息发送者和信息接收者需要彼此进行信息交换，信息发送者需要确认信息接收者正确理解传达的信息，交互式沟通也可以称为双向沟通。

沟通可以分为横向沟通和纵向沟通。横向沟通指的是组织内同等职级或权力的人员之间的沟通，纵向沟通指的是员工对领导汇报的向上沟通或者领导对员工传达信息的向下沟通，如表 4-8 所示。

表 4-8 常见沟通类型

沟通类型	沟通类型特点	沟通类型举例
正式沟通	严肃正式	信息公示、会议、指令发布、书面报告等
非正式沟通	轻松愉悦	茶话会等
书面沟通	以文字为媒介	书信、公告、宣传标语、手册等
口头沟通	语言沟通	面对面沟通、通过电话或者 App 进行的语音沟通等
推式沟通	确保信息发出	电子邮件、传真、新闻稿等
拉式沟通	受众广，信息量大且复杂	门户网站、在线文档等
交互式沟通（双向沟通）	即时响应	电话、会议等
横向沟通	沟通双方职级或权力同等	电话、会议、演讲等
纵向沟通	向上汇报或向下传达	政策、命令、公告、会议、汇报、演讲等

4.5 数据标注安全管理

所有做数据标注项目的个人或者企业都应该知道的是,我们需要对项目涉及的信息,包括标注的数据、规则、平台、文档等保密,不通过截图、录屏、录音等方式将数据标注项目相关信息在第三方平台传播,否则将违反企业的信息保密原则,甚至违反国家的法律法规,最终将被追究相关责任。除了需要有意识地对项目相关信息做出保护,为了搭建安全的办公环境,我们还可以通过使用正版软件、使用内部沟通平台、妥善管理账号密码、连接使用安全网络等多方面措施进行信息保护。

4.5.1 数据安全的重要性

信息泄露可能造成商业损失。在数据标注项目中,为了达到特定的效果会先通过合法渠道采购基础数据,再根据标注规则处理数据以达到训练模型的目的。对于标注公司来说,这些采购得来的数据都具有所有权,这些数据应该被保护,若通过第三方传输项目数据,可能造成项目数据被竞品公司爬取。而项目规则则会暴露企业的运营策略,如果规则泄露后被竞品公司捕获,将对企业造成不可估量的商业损失。企业可以根据损失对造成信息泄露的个人或者企业追究责任。

信息泄露可能造成违法违规或影响人身安全。国家互联网信息办公室发布的《数据安全管理办法》第三十五条规定:发生个人信息泄露、毁损、丢失等数据安全事件,或者发生数据安全事件风险明显加大时,网络运营者应当立即采取补救措施,及时以电话、短信、邮件或信函等方式告知个人信息主体,并按要求向行业主管监管部门和网信部门报告。我们以身份证提取项目为例,为了达到自动提取身份证信息,方便身份证信息录入的目的,一般需要先采集大量的身份证照片,通过框选的方式来训练身份证信息提取模型,最终实现身份证信息自动提取的功能。我们在寄快递或做实名认证时经常会使用这个功能快速地进行身份信息登记,提高工作效率和信息录入的准确性。如果数据标注相关方没有数据保密意识,将这类极具个人隐私的数据通过任一渠道泄露,除了会给企业造成数据安全或商业损失,还可能导致他人信息被盗用,造成不可估量的风险或直接影响个人安全,所以数据标注项目不允许有任何的数据泄露行为发生。

4.5.2 数据信息泄露案例

除了商业间谍恶意窃取项目信息造成数据信息泄露外,企业也遇到过项目相关方在无意间泄露项目信息的违规情况,最终企业会根据项目的实际损失以及信息保密协议进行索赔。企业也曾出现内部员工无意中泄露保密信息的案例。因此企业应做好内部员工保密意识的培训与定期宣贯，同时也应做好供应商信息保密培训与规范条文的梳理与同步，并组织相关人员定期稽核。

1. 信息泄露案例一

信息泄露方：数据标注项目供应商。

信息泄露方式：通过短视频平台发布标注人员招聘广告。

信息泄露违规原因：拍摄到标注界面高清图（放大视频后可以看清文字内容），通过语音描述项目泄露项目价格。

信息泄露违规截图如图4-4所示。

图 4-4　信息泄露案例一

2. 信息泄露案例二

信息泄露方：数据标注企业内部员工。

信息泄露方式：通过短视频记录上班日常。

信息泄露违规原因：拍摄到企业代码高清图（放大后可以看清代码内容）。

信息泄露违规截图如图4-5所示。

图 4-5　信息泄露案例二

4.5.3　数据安全管理

保障数据标注项目的数据安全是确保数据标注项目成功的首要任务。

为了确保信息安全，企业需要在多个方面加以注意。为员工提供办公所需的正版软件；为员工提供安全的办公网络；对于办公电脑的软件安装要有明确的申请、安全评估和审批流程，严禁员工私自安装带有攻击性的、非法获取公司信息或个人信息的各类软件；定期向员工宣导信息安全保密意识并确保员工都熟记信息保密要求；明确信息泄露处罚机制和手段，并进行全员宣导和监督。在发现信息泄露事故后应第一时间上报并采取补救措施，防止事态扩大。

作为员工个人，为了确保信息安全同样也需要多加注意。不要将项目相关的规则、数据、标注界面、生产记录等任何项目信息通过录屏、截图、语音等方式上传至第三方平台；不在公开场合讨论项目问题；常规的项目日常沟通只使用企业指定的沟通工具，所有的项目沟通都遵循项目沟通管理要求；避免共用办公电脑；应设置有复杂度的账号密码且妥善保管账号密码；在输入密码时保持警惕性，避免共享账号或密码泄露；不借用或共享企业内部权限，例如 WIFI 或者 VPN 等账号及密码；不要随意点开未知网页，注意钓鱼网站；离开电脑前应锁屏或关闭电脑；拒绝任何形式的、涉及项目信息的采访；在发现信息泄露事故后应第一时间上报并采取补救措施，防止事态扩大。

具体而言，数据标注中的数据安全管理可以概括为以下三个方面。

1. 数据存储安全管理

在数据标注企业中，数据存储在局域网内的服务器上，操作员通过计算机对数据进行加工处理。在数据加工过程中，数据只接触服务器与计算机，所以为了保证数据存储安全，就需要对服务器及计算机制定安全管理要求。

（1）数据加工的服务器与计算机禁止连接互联网，禁止通过外接设备进行拷贝。

（2）数据加工的服务器需要使用多节点存储系统，这样当发生事故，某些节点上的数据出现损坏情况，也能够及时通过数据恢复算法将数据恢复。

（3）数据加工的服务器需要定期做好容灾备份管理，这样当发生突发情况，也能够保证数据不丢失。

满足上述三点要求可以保障数据存储相对安全，最大程度地减少各项损失。

2. 工作人员行为管理

如前所述，数据标注企业为了防止数据泄露，需要对企业内部人员的行为进行管理，这里需要使用到视频监控系统以及门禁管理系统。

（1）视频监控系统。

数据标注企业需要安装视频监控系统，对标注企业内的人员工作行为进行视频监控，此举可以通过观察企业内人员的行为，预防企业人员窃取数据或在数据泄露发生后侦查发现嫌疑人踪迹。

（2）门禁管理系统。

通过门禁管理系统可以有效地防止无关人员进入项目组内。各项目组必须安装独立的门禁管理系统，对项目办公区域的准入人员进行管理，只有项目的参与者才能够通过身份识别进入项目办公区域进行办公，减少无关人员的进出可以有效降低数据泄露风险。

3. 溯源体系管理

在发生数据泄露问题后，除了需要及时解决问题，还需要快速找到发生问题的源头。通过建设溯源体系，数据标注企业可以在问题发生后的第一时间快速找到源头，这会在企业处理数据泄露问题的过程中起到关键作用。

溯源体系需要对数据从预处理阶段到最终交付期间所有经手的办公人员进行记录。当发生数据泄漏后，可以清楚地了解到哪些办公人员接触过该数据，这些办公人员负责哪些环节，这样可以快速锁定调查范围，追查数据泄露源以及追究责任。

为了更好建设溯源体系，可以使用智能水印技术对数据标注每个环节进行记录。智能水印是通过算法进行制作并在数据上进行记录，只有在特定算法下才能够识别，肉眼无法察觉。通过智能水印技术，可以在数据加工阶段各环节记录数据责任人，当发生数据泄漏问题后，可以根据智能水印，直接找到泄露环节与责任人，快速锁定调查范围。

4.6 数据标注标准化管理

数据标注项目的生产涉及大量参与人员，因此数据标注项目的生产健康很难控制，需要有标准化的管理手段来协助把控。标准化管理主要针对项目管理与人员管理两大方面。

项目管理指对项目全过程进度的管理，包括承接、调度、目标、监控、反作弊等环节，如图4-6所示。因为标注业务的生产模式大多是项目制，所以需要以项目为单位来进行通盘管理。项目制的优势是可以高效组织生产力，有清晰的目标并且独立交付，这使得无论是上游需求方，还是下游生产方都能高效协同、对齐节奏。

人员管理指对生产者全生命周期的管理，包括入职、培训、排班、考勤、绩效评价等环节。因为标注业务的生产力都是人员，所以需要以人员为单位进行生产管理。人员分多种类型，有的是兼职，有的是全职，我们介绍的标准化管理手段，主要针对全职人员。对人员的标准化管理，能够有效提高人员生产效率，避免因为人性懒惰等原因拖慢项目进度。

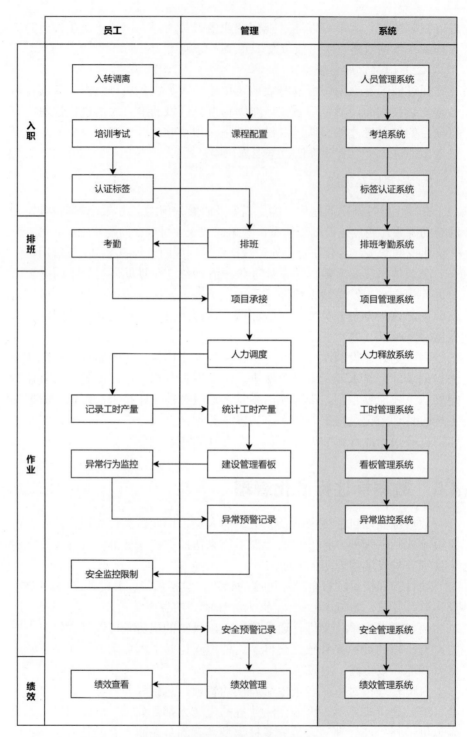

图 4-6 数据标注标准化管理流程图

在具体的管理过程中,需要依赖管理者与系统工具两大方面的支持。管理者分不同岗位不同职责,对一线生产人员进行各个维度的管理。因为标注业务的生产力主要是人,所以需要管理者来进行监督及推动。管理者不仅需要及时把控项目生产的健康度,还需要帮助一线生产人员完成培训及考核。而管理系统可以在不同的环节提高管理动作的实施效率。有效的管理工具,能够帮助管理者约束员工,及时暴露生产风险,保障健康生产。

系统工具与不同公司的管理 SOP(即标准作业程序)需要深度契合,因此也存在很多个性化功能。比如企业建立的集中化生产团队——生产基地的管理者,可以分为项目负责人和小组长等。项目负责人偏重对项目的管理,小组长侧重对人员的管理,可以利用排班考勤、异常监控等系统功能,把控生产进度,维持健康交付。

标准化管理的核心流程即管理者利用系统工具,对入职—排班—作业—绩效评价四大阶段进行全面管理。

在入职阶段主要包括员工的入职、培训、考核,需要由人事管理系统支撑,帮助录入员工基础信息、管理状态及身份,方便后续的统计及处理。同时对员工进行培训和考核,帮助员工成长为合格的"生产力"。

在排班阶段需要利用排班考勤工具,对员工的工作时间进行合理安排,这一过程的实现需要系统工具支持早班、夜班等各类班次。

在作业阶段需要有项目管理、人力调配、工时管理、反作弊管理、安全管理等一系列系统工具,帮助人员高效完成作业任务。项目的流转过程、人力的合理分配、工时的详细记录,员工生产过程中存在的作弊行为预警、限制,安全红线的监控、规避,都是作业阶段的核心要素。

在绩效阶段需要有针对各级员工及管理者的绩效管理方案,能够做到奖惩公平合理,清晰有力。其中,涉及绩效管理的系统工具涵盖上游作业数据的获取、绩效期加权管理的配置、绩效结果的记录与薪资等奖惩的关联等。有效的绩效管理能激发员工的生产热情,管理者能够通过绩效结果评估员工工作状态和工作成果,进行人员的优胜劣汰,避免恶性循环。

4.6.1 项目管理

在数据标注的生产过程中,大多是以项目制进行生产管理的,标准而精细化的项目管理能有效保障生产进度的健康。标准化项目管理涉及的角色主要是一线生产者与项目管理者。在实际的生产基地中,通常简称为"一线"及"项目负责人"。在项目全流程的管理动作中,主要分为项目承接、项目进行、项目完成三大阶段。

1. 项目承接阶段

该阶段是为新项目的生产需求做好人力承接,主要的工作有人力盘点、权限配置、沟通群建立等。

首先是人力盘点。项目负责人需要配合人力值班专员对空闲人力、即将释放的人力进行盘点，确保在新项目接入时，有人力可以支持。若有人力可以承接，则需要把即将空闲的一线及项目负责人分配到项目中。这里需要注意，一位一线标注员往往同时承接多个项目，所以项目所分配到的人力并不一定是 1 个全人力，而可能是 0.25 个人力等。人力分配完成后，也需要将分配信息录入系统，方便判断下一次释放日期。

其次是项目权限配置。在项目成员确定后，需要给不同职责的成员分配不同的项目权限，这里包括项目管理系统权限、资源管理系统权限、沟通群的权限等。其中，一线标注员主要的权限是可以查看项目规则文档、接收项目群消息。项目负责人等管理角色的权限主要是项目信息维护、人力信息维护以及沟通群公告编辑等。

再次是沟通群建立。项目初始，会由上游的项目经理创建项目沟通群，并拉项目负责人及各类管理人员进群；之后会由项目负责人将一线标注人员拉入群内。项目沟通群的作用一般是通知相关人员培训、会议、项目问题沟通等。

最后是确认培训时间。根据项目人员时间情况，与上游项目经理确认项目培训时间，并提前预定会议室通知成员参会。

2. 项目进行阶段

该阶段为项目承接后正式启动生产的阶段。主要的工作有跟进项目培训、跟进标注生产、异常问题监控、解决生产问题、生产复盘等。

跟进项目培训即根据约定时间组织培训会议的开展，一般会议前 15 分钟召集成员阅读培训文档，带着问题参加培训。在培训中，需要优先同步项目背景，尤其是项目收益，方便大家更好地理解项目。其次是解读项目规则标准并引导成员提问，争取培训会议期间解决与规则相关的疑问，同时对质量要求及标注效率要求达成共识。培训结束后可以尝试标注，通过试标真实的数据进一步理解标注规则，有利于尽快准入质量达标的标注人员。

在正式标注生产初期，项目负责人也需要参与标注，通过实操发现项目规则或标注界面的问题和可优化空间，协助项目进行质量或效率的优化提升。在跟进标注整体进度时，需要关注影响标注进度健康的主要因素，包括一线标注人员对项目标准规则的理解程度、对标注平台操作的熟练程度、标注操作步骤的合理程度，员工状态等问题。除此之外，项目负责人还应关注现有标注人力安排是否符合项目能力要求，对项目问题进行归纳、总结、引导，项目培训或者复盘时需要提前明确会议内容，准备好会议资料并跟进会议敲定的待办事项落地，将项目相关进度、要求等同步到位。

数据标注生产过程中的问题发现和解决，一般是在项目开展过程中进行的，需要借助管理工具，通过观察数据变化情况发现项目生产的异常，并及时进行问题分析和采取改善措施以保障项目进展符合预期。数据标注生产过程主要监控的数据维度是项目整体和标注个人，监控的指标项包括人效（每人每天的标注数量）、准确率（标注数据的正确率）、作业时长（完成每条数据标注的时间）、工时（每人每天工作时间投入）等。

为了对项目有更好的推进以及对经验教训进行总结、改善，确保项目顺利进行，需要不定期组织复盘会议，通过问题收集、制定问题解决方案等拉齐项目相关方对相关事项的认知与理解，以此提升生产质量和产量。复盘会议一般可以分成复盘前、复盘中以及复盘后。复盘前需要明确复盘目的，汇总当前生产问题，做好会议资料准备，并联系项目相关方确认会议时间；复盘中需要结合会议目的，重点解决当前的项目问题，并做好会议结论、事项责任人和事项完成时间的记录；复盘后需要梳理会议纪要并同步到项目相关方，会议结束后持续跟进问题改善措施的有效性并评估具体收益。

3. 项目完成阶段

项目完成阶段为项目生产完成后进行项目的交付或者收尾阶段，主要的工作包括产量确认，预估人力释放，回扫（产出的数据不符合预期，需要重做）、交付邮件确认、绩效打分等，如图4-7所示。

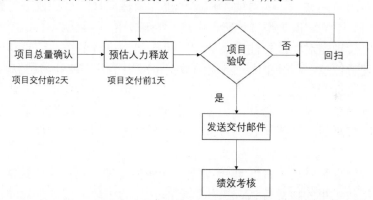

图4-7　项目完成阶段主要工作流程

一般在标注项目即将完成的前2天，需要与上游项目经理确认是否追加项目的标注数量，以此评估项目是否需要延长周期，同时做好项目进度管理和控制，确保项目能够按照约定的交付时间完成交付，此过程称为产量确认，即确认项目数量及评估交付时间。

为了对标注人力进行科学的、系统的管理，一般在项目交付前1天需要确认项目中即将释放出的人力并记录在人力管理系统中，这一过程称为预估人力释放，以便后续项目承接时做好新项目的人力分配。根据项目的交付状态，还会出现不同类型的人力释放，例如项目完全交付且不再重启，那么相应的标注人员则会全部释放或永久释放，若项目只是短期暂停，那么相应的标注人员则会根据项目重启的时间被部分释放或短期释放。

若项目在验收环节出现问题，确认需要重新标注的，则需要启动回扫流程，一般需要复盘找出导致回扫的根本原因及确认对回扫工作负责的责任人员，然后根据复盘结果安排标注人力完成回扫工作。

若项目顺利通过验收，并且确认完成了可交付成果的转移后，一般会通过邮件通知的方式，将项目顺利验收的信息同步至项目相关方，书面说明项目正式结束，各方人员收到邮件通知后便可以进行各自负责工作内容的收尾或结束动作。

为了对标注人员的个人绩效进行准确识别和有效区分，同时为激励机制的施行提供基础依据，我们需要参考标注人员在项目中取得的准确率或者产出量来评估标注人员的工作表现，以此对标注人员进行公平、公正、公开的奖励或惩罚。

4.6.2 人员管理

人员管理主要是指对一线标注人员的日常管理。主要工作包括排班考勤、工时管理、考试培训、绩效管理等。

排班考勤指的是对一线标注人员每日上下班时间进行安排的过程。随着项目需求量的波动，人员的工作安排也需要适应性改变。排班考勤涉及不同小组、不同班次类型（早班、中班、晚班）的个性化设置。

工时管理是对一线标注人员的实时工作状态进行监控、记录和分析，方便管理者把控生产健康度，沉淀的数据可应用于各类统计与结算。

考试培训指的是对员工进行培养，包括新员工培养、定向专业人才培养、管理储备培养等。借助培训工具进行文字、视频等课程制定，借助考试工具进行理论、实操等各类考试，并在考试通过后给人员打上相应的能力标签。

绩效管理是对员工月度/年度绩效进行评估管理，包括绩效数据的标记处理，绩效结果的核算确认，头部、尾部人员的绩效分析，绩效的公示与沟通记录等。

4.6.3 订单管理

在接到数据标注项目订单后，为了更好地保证订单及时交付，需要对订单的实施进度进行管理，如图 4-8 所示是订单管理流程图。首先需要确认该项目负责人，然后根据项目评估报告将任务分配给相关数据标注小组，并根据任务时间要求计算每日任务指标。参与项目的数据加工小组由小组长根据被分配任务量进行组员任务的分配，并由小组长负责小组组员任务进度管理。

每日各任务小组的小组长需掌握组员当日任务完成情况，经过统计后计算出小组当日完成效率。项目负责人将各小组的完成效率进行汇总即可得出整个项目的完成效率。项目负责人可以通过各小组完成效率了解任务进度落后原因，通过进度管理能够及时发现问题并解决问题，保证项目进度。

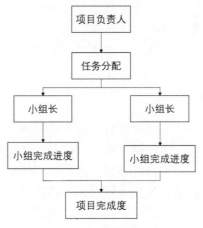

图 4-8　订单管理流程图

4.6.4　客户关系管理

在市场销售中，如何从模糊的客户群体中锁定意向客户，并有效地满足客户的需求？这需要用到客户关系管理。客户关系管理是指通过有目的性的交流互动，理解客户的想法，影响客户的行为，从而实现有效维护客户的目的[1]。数据标注企业想要成功实施客户关系管理就需要做好以下工作。

1．确立业务计划

数据标注企业在考虑实施客户关系管理方案前，首先需要确定想要通过客户关系管理实现的目标，例如提高客户满意度、缩短数据标注业务周期以及增加数据标注业务订单等。数据标注企业需要明确了解实施客户关系管理后能为企业带来什么。

2．组建客户关系管理团队

为了成功地实施客户关系管理，数据标注企业还需要根据不同的目标组建相应的客户关系管理团队，根据不同团队的目标，理解不同目标在执行过程中客户的需求，分析规划具体的业务流程。

3．客户信息管理

要让客户关系管理产生效果，需要做好客户信息的管理，将客户信息汇总制作成客户资料卡。客户资料卡包括基础资料和经营现状两大类。基础资料主要包括客户的名称、地址、电话，与公司交易时间、企业组织形式、资产、业务领域、发展潜力、经营观念、经营方向、经营政策、企业规模、经营特点等。经营现状则主要包括业绩、人员素质，与其他竞争者的关系，与本公司的业务关系及合作态度、存在的问题、保持的优势、未来的对策、企业形象、声誉、信用状况、条件以及出现的信用问题等方面。

客户资料卡是客户关系管理人员了解市场的重要工具之一。通过客户资料卡，客户关系管理人员可以了解客户的实时情况，从中看到客户的经营动态。根据客户资料卡，就可以对市场的实时动态做出判断并采取相应的客户关系管理行动。

4．客户关系管理的分析

客户关系管理不只是单一地对客户资料进行收集，还需要根据资料全方位地对客户进行分析。这包括与本公司交易状况分析、客户等级分析、客户信用调查分析等。例如你有一位大客户，每年的数据标注业务订单数量特别庞大。那么就必须派遣业务能力强、沟通能力好的业务人员，采取灵活的客户关系管理行动，通过拜访、电话问候等方式与他保持联系，以便及时了解大客户公司的相关情况以更新客户资料卡。同时还得定期组织业务人员开会，了解目前客户关系管理的进展情况，这样才能够避免客户轻易流失。

优秀的客户关系管理可以为企业带来更多的业务，创造更大的价值，使企业在市场竞争中更具优势。

4.7　作业与练习

1. 数据标注项目全流程可以分为哪五大过程组？
2. 常见的沟通类型有哪些？请简单描述各沟通类型的特点。
3. 请简述数据标注订单管理流程。
4. 请简述数据标注客户关系管理工作内容。

参考文献

[1] 苏朝晖．客户关系管理：建立、维护与挽救[M]．北京：人民邮电出版社，2016．

第 5 章

数据标注质量管理

什么是质量？美国现代质量管理专家约瑟夫·M·朱兰（Joseph M. Juran）博士曾提出："质量是一种合用性，而所谓'合用性（fitness for use）'是指使产品在使用期间能满足使用者的需求"[1]。美国质量管理大师菲利浦·克劳士比（Philip Crosby）对质量的定义就是需要"符合要求"，生产者对产品的要求决定产品的质量[2]。美国全面质量控制的创始人阿曼德·费根堡姆（Armand Vallin Feigenbaum）则认为"质量并非意味着最佳，而是客户使用和售价的最佳[3]。"通过三位质量管理专家提出的不同观点，可以看出质量是需要满足用户的需求，生产者需要根据客户需求制定产品要求，而产品要求既需要考虑到用户需求，还需要考虑用户能够接受的价格。数据标注的质量同样适用上述观点。

5.1 数据质量影响算法效果

机器学习是一种计算机以现有数据为学习资料，通过自动训练掌握数据中存在的规律，并利用规律对未知数据进行处理的过程[4]。如何让机器学习从数据中更准确有效地获得规律，这就是数据标注要思考的问题。虽然机器学习领域在算法上取得了重大突破，由浅层学习转变为深度学习，但缺乏高质量的标注数据集已经成为深度学习发展的瓶颈。

机器学习算法的训练效果很大程度依赖于高质量的数据集，如果训练中所使用的标注数据集存在大量噪声，将会导致机器学习训练不充分，无法获得规律，在训练效果验证时会出现目标偏离，无法识别。

图 5-1 所示是非专业标注人员标注细胞核。通过标注轮廓的杂乱性可以看出，非专业标注人员标注的数据中存在大量噪声。图 5-2 所示是通过机器

学习后验证的训练效果。可以看出，通过非专业标注员标注的数据进行训练的机器学习只能识别出一部分目标，而且目标轮廓发生偏移，机器学习没有得到充分的训练。

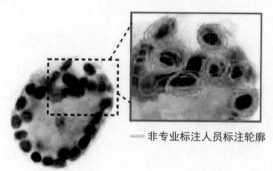

图 5-1　非专业标注人员标注细胞核

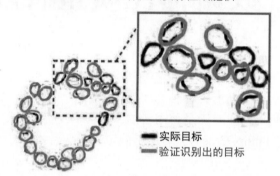

图 5-2　机器学习后验证的训练效果

对于质量不高的数据，在进行机器学习前需要经过加工处理，让数据集的整体质量得到提升，以此提高算法的训练效果。机器学习的训练效果与数据集质量的关系如图 5-3 所示。

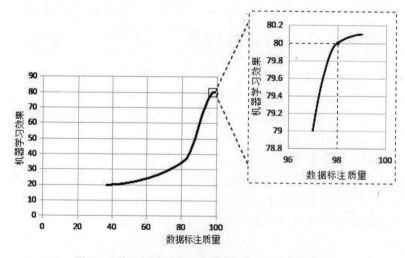

图 5-3　数据标注质量与机器学习效果关系曲线图

在图 5-3 中，当数据集的整体标注质量只有 80%的时候，机器学习的训练效果可能只有 30%~40%。随着数据标注质量逐步提高，机器学习的效果也会突飞猛进。当数据标注质量达到 98%的时候，机器学习的效果为 80%，但此时如果数据标注质量再往上提升，机器学习效果的提升就没有之前那么明显了。

5.2 数据标注质量标准

产品的质量标准是指在产品生产和检验的过程中判定其质量是否合格的根据[5]。对于数据标注行业而言，数据标注的质量标准就是标注的准确性。本节将对图像标注、语音标注、文本标注三种不同的标注方式的质量标准分别进行介绍。

5.2.1 图像标注质量标准

对比人眼所见的图像（见图 5-4），计算机所见的图像只是一堆枯燥的数字，如图 5-5 所示。图像标注就是根据需求将这一堆数字划分区域，让计算机在划分出来的区域中找寻数字的规律。

图 5-4　人眼所见的图像

机器学习训练图像识别是根据像素点进行的，所以图像标注的质量也是根据像素点位判定，即标注像素点越接近于标注物的边缘像素点，标注的质量就越高，标注难度就越大。由于原始图片质量原因，标注物的边缘可能存在一定数量与实际边缘像素点灰度相似的像素点，这部分像素点对图像标注产生干扰。按照 100%准确度的图像标注要求，标注像素点与标注物的边缘像素点存在 1 个像素以内的误差。针对不同的图像标注类型需要采取不同的检验方式，下面对常用图像标注方式的检验进行说明。

140	111	99	104	107	102	101	95	88	113	141	140	141	140	139	138	139	140	137	139	109	79	78	109	140	137	138	137	137	140	141	143	133
117	106	99	97	95	92	103	110	119	123	129	130	133	136	138	139	138	136	134	137	109	81	85	110	138	137	138	127	127	139	140	145	123
68	53	57	56	48	62	52	60	73	79	115	119	126	126	129	136	136	135	134	137	110	80	86	111	138	138	144	102	104	135	141	141	121
72	49	68	67	53	72	62	63	71	59	100	65	91	125	123	123	131	135	134	135	108	78	80	108	138	139	131	82	85	117	142	131	99
84	49	59	68	53	57	67	52	68	65	80	69	65	78	99	121	120	122	134	136	106	79	81	107	136	137	98	83	84	104	141	104	78
110	59	54	77	64	57	83	55	62	65	69	94	67	66	50	99	127	100	114	136	105	76	80	106	138	128	90	87	85	107	128	83	87
114	73	53	69	70	56	70	66	57	72	59	97	61	76	68	61	94	125	89	115	105	78	80	108	137	123	88	89	83	105	122	77	75
107	82	57	61	77	61	60	71	56	85	60	94	73	67	80	69	52	104	124	90	95	83	80	106	138	126	90	88	82	105	122	75	86
85	88	61	61	76	64	57	76	56	90	72	72	85	64	83	66	65	68	118	114	81	83	82	108	138	123	91	88	83	98	113	79	87
67	79	71	55	66	70	53	74	60	97	87	64	100	59	83	66	81	65	74	128	88	69	90	109	139	116	88	88	85	88	92	80	84
55	71	77	56	61	76	54	69	67	83	100	58	105	62	82	70	77	76	58	102	127	80	76	108	139	112	87	87	86	88	83	80	74
58	71	77	59	61	79	57	71	75	72	114	60	101	72	77	77	70	74	65	66	132	111	69	95	133	107	84	84	83	82	74	88	69
57	56	72	64	61	80	64	71	82	62	130	66	97	84	72	86	65	74	75	68	89	140	101	81	129	109	83	81	78	79	81	92	52
61	57	73	70	61	78	67	57	81	60	137	74	90	96	67	95	63	79	75	82	64	109	139	92	111	112	83	82	77	90	113	84	55
64	58	70	73	58	73	71	56	79	60	137	79	81	103	64	97	64	80	68	84	72	71	120	139	104	95	82	81	81	79	82	72	67
67	55	67	74	54	71	73	53	81	63	120	84	74	104	66	100	65	86	68	77	82	77	65	138	142	89	77	80	84	75	84	54	71
70	53	66	75	50	67	76	50	79	62	109	87	64	101	66	98	70	88	70	79	79	83	65	79	137	147	104	86	77	71	79	56	77
71	51	62	77	48	58	75	54	79	65	94	84	67	112	62	89	73	89	72	82	73	83	91	65	77	137	161	140	121	87	59	61	82
74	51	59	78	51	62	80	62	97	66	65	84	66	109	63	95	75	87	73	85	74	81	87	85	73	63	109	145	144	75	52	66	83
76	54	61	81	57	74	80	59	91	69	64	89	66	113	62	99	74	87	75	87	75	82	80	85	92	75	57	73	76	61	62	70	84
75	54	61	82	55	65	81	55	82	70	61	85	67	110	65	94	73	87	76	86	74	85	83	81	83	92	84	81	73	69	69	74	85
76	56	67	83	57	66	85	58	84	72	72	84	71	116	64	125	70	89	75	85	77	87	77	86	85	85	84	79	75	78	78	80	86
74	111	123	80	61	83	83	60	92	71	71	87	74	123	76	178	74	90	72	94	79	64	68	86	88	87	84	84	84	86	83	85	89
67	103	123	76	66	101	79	65	97	62	74	87	78	97	93	176	73	94	76	90	76	61	72	78	86	92	84	85	91	96	91	96	106
53	49	91	77	69	96	75	70	100	65	79	90	80	94	135	167	92	103	97	98	148	154	81	145	152	91	133	133	93	96	118	114	112
56	56	88	120	186	137	91	87	101	89	93	96	95	122	235	219	111	97	98	104	225	215	106	215	212	106	222	214	91	116	232	172	98
81	78	100	188	255	179	109	106	105	107	111	116	123	158	234	208	146	141	142	154	204	189	156	204	184	161	228	199	123	176	247	189	110
103	112	131	197	225	162	129	127	127	124	122	119	121	119	125	117	108	106	108	118	106	106	114	118	121	137	146	149	156	174	178	168	160
110	107	107	111	111	97	97	89	92	87	95	88	103	94	100	93	93	88	94	99	98	104	111	110	107	109	106	100	109	110	106	113	124
88	74	87	91	88	84	80	78	80	79	87	71	89	77	89	93	81	73	67	71	77	86	96	97	101	104	111	111	120	124	115	107	112
82	49	78	84	114	100	75	64	64	64	64	62	67	76	95	104	74	58	54	50	51	53	52	59	70	81	93	96	104	109	100	103	110
38	41	48	71	116	89	57	48	53	46	50	47	51	56	69	75	64	58	58	61	67	66	60	53	52	53	74	82	98	115	113	117	115
32	31	37	52	80	67	47	44	40	40	44	43	45	50	58	68	58	54	55	56	63	63	63	63	64	61	74	75	62	56	58	62	75

图 5-5　计算机所见的图像

1. 标框标注

对于标框标注，我们需要先对标注物最边缘像素点进行判断，然后检验标框的四周边框是否与标注物最边缘像素点误差在 1 个像素以内。

如图 5-6 所示，标框标注的上下左右边框均与图中汽车最边缘像素点的误差在 1 个像素以内，所以这是一张合格的标框标注图片。

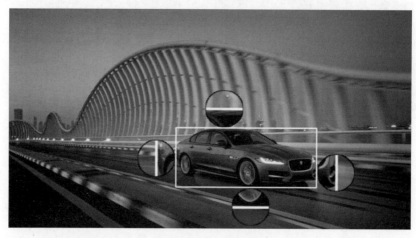

图 5-6　标框标注图片

2. 区域标注

相较于标框标注，区域标注质量检验的难度在于区域标注需要对标注物的每一个边缘像素点进行检验。

如图 5-7 所示，区域标注像素点与汽车边缘像素点的误差在 1 个像素以内，所以这是一张合格的区域标注图片。

在区域标注质量检验中需要特别注意检验转折拐角，因为在图像中转折拐角的边缘像素点噪声最大，最容易产生标注误差。

图 5-7 区域标注图片

3．其他图像标注

其他图像标注的质量标准需要结合实际的算法制定，质量检验人员一定要理解算法的标注要求。

5.2.2 语音标注质量标准

对语音标注的质量检验需要在相对安静的独立环境中进行。在语音标注的质量检验中，质检员需要做到眼耳并用，时刻关注语音数据发音的时间轴与标注区域的音标是否相符，如图 5-8 所示，检验每个字的标注是否与语音数据发音的时间轴保持一致。

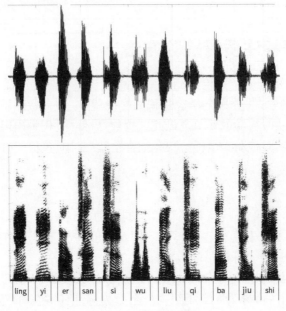

图 5-8 语音标注图片

语音标注的质量标准是标注与发音时间轴误差在 1 个语音帧以内，在日常对话中，字的发音间隔会很短，尤其是在语速比较快的情况下，如果语音标注的误差超过 1 个语音帧，很容易标注到下一个发音，让语音数据集中存在更多噪声，影响最终的机器学习效果。

5.2.3 文本标注质量标准

文本标注是一类较为特殊的标注，它并不单单有基础的标框标注，还需要根据不同需求进行多音字标注、语义标注等。

多音字标注的质量标准就是标注出一个字的全部读音，这需要借助字典等专业性工具进行检验。以"和"字为例，"和"有 6 种读音，"和"（he 二声）：和平；"和"（he 四声）：和诗；"和"（hu 二声）：和牌；"和"（huo 二声）：和面；"和"（huo 四声）：和药；"和"（huo 轻声）：暖和。如果加上各地区方言发音，那么"和"可能存在更多读音，所以多音字标注的质量检验一定要借助专业性工具进行。

语义标注的质量标准是标注出词语或语句的语义，在检验中分为 3 种情况。第一，针对单独词语或语句进行检验；第二，针对上下文的情景环境进行检验；第三，针对语音数据中的语音语调进行检验。三种语义标注检验除了需要借助字典等专业性工具外，还需要理解上下文的情景环境或语音语调的含义。以"东西"为例："他还很小，经常分不清东西。"——"西"（xi 一声），这里的"东西"代表方向；"她正走在路上，忽然有什么东西落到了脚边——""西"（xi 轻声），这里的"东西"代表物品。如果根据上下文情景环境及语音语调进行分析，"东西"这个词可能还会另带他意。

5.3 数据标注质量检验方法

质量检验是采用一定检验测试手段和检查方法测定产品的质量特性，一般的产品检验方法分为全样检验和抽样检验[6]。但在数据标注中，会根据实际情况加入实时检验的环节，以此减少数据标注过程中出现重复错误的情况。本节将对实时检验、全样检验和抽样检验三种质量检验方法进行介绍。

5.3.1 实时检验

实时检验，是现场检验和流动检验的一种方式[7]，一般安排在数据标注过程中，能够及时发现问题并解决问题。一般情况下，一名质检员需要负责实时检验 5~10 名标注员的数据标注工作。

在安排数据标注任务阶段，会对数据标注人员进行分组。一名质检员同 5~10 名标注员分为一个小组，一个数据标注任务会分配给若干个小组进行，质检员会对自己所在小组的标注员的标注方法、熟练度、准确度进行现场实时检验，当标注员操作过程中出现问题，质检员可以及时发现，及时解决。为了更有效地进行实时检查，除了对数据标注人员进行分组外，还需要将数据集进行分段标注，当标注员完成一个阶段的标注任务后，质检员就可以对此阶段的数据标注进行检验。通过对数据集进行分段标注，也可以实时掌握标注任务的工作进度。

如图 5-9 所示，当标注员开始标注分段数据时，质检员就可以对标注员进行实时检验。当一个阶段的分段数据标注完成后，质检员就可以对该阶段数据标注结果进行检验，如果标注合格，就可以放入该标注员已完成的数据集中；如果发现不合格，则可以立即让标注员返工。

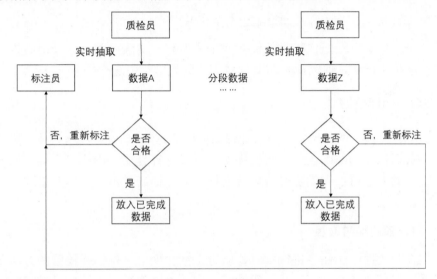

图 5-9　实时检验流程图

如果标注员对标注存在疑问或者不理解的情况，可以由质检员进行现场沟通与指导，方便标注员及时发现问题并解决问题。如果在后续标注中仍然存在同样的问题，质检员就需要安排该名标注员重新参与数据标注任务培训。

实时检验方法优势明显。比如能够及时发现问题并解决问题，可以有效减少标注过程中错误的重复出现，能够保证整体标注任务的流畅性，便于实时掌握数据标准的任务进度，但对于人员的配备及管理要求较高。

5.3.2　全样检验

全样检验是数据标注任务完成交付前必不可少的过程，没有经过全样检验的数据标注是无法交付的。全样检验需要质检员对已完成标注的数据集进行集中全样检验，严格按照数据标注的质量标准进行检验，并对整个数据标注任务的合格情况进行判定。

如图 5-10 所示，全样检验时，检验合格的数据标注存放到已合格数据集中等待交付，而对于检验不合格的数据标注，则需要标注员返工。

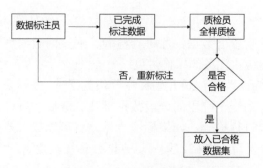

图 5-10 全样检验流程图

全样检验方法的优势是能够对数据集做到无遗漏检验，以及对数据集进行准确率评估，但因此也需要耗费大量的人力集中进行检验。

5.3.3 抽样检验

抽样检验，是产品生产中一种辅助性检验方法[8]。在数据标注中，为了保证数据标注的准确性，会将抽样检验方式进行叠加，形成多重抽样检验方法，此方法可以辅助实时检验或全样检验，提高数据标注质量检验的准确性。

1. 辅助实时检验

在对数据标注任务进行实时检验时，往往采用多重抽样检验的方法予以辅助。目前，实时检验面临质检员与标注员比例失衡、标注员过多的情况，而通过多重抽样检验方法，可以减少对质量达标的标注员的检验时间，以减少质检员的工作量，合理地调配质检员的工作重心。

如图 5-11 所示，当标注员完成第一个阶段数据标注任务后，质检员会对其第一阶段标注的数据进行检验。如果第一阶段标注数据全部合格，就如图中标注员 A 与标注员 B，在第二阶段实时检验时质检员只需对标注员 A 与标注员 B 标注数据的 50%进行检验。如果第一阶段标注数据不合格，则如图中标注员 C 与标注员 D，在第二阶段实时检验时质检员仍然需要对标注员 C 与标注员 D 的标注数据进行全样检验。

在第二阶段的实时检验中，标注员 A 依然全部合格，则第三阶段实时检验的标注数据较第二阶段再减少 50%。标注员 B 在第二阶段的实时检验中发现存在不合格的标注，则在第三阶段的实时检验中对其标注数据全部检验。标注员 C 在第二阶段的实时检验中全部合格，则第三阶段实时检验的标注数据较第二阶段减少 50%。标注员 D 在第二阶段的实时检验中仍存在不合格的标注，则第三阶段实时检验中对其标注的数据仍需要全部检验，并且可能需要安排标注员 D 重新参加项目的标注培训。

通过多重抽样检验辅助实时检验，可以让质检员重点检验那些合格率低的标注员，而不是将过多精力浪费在检验高合格率标注员的工作上，通过此检验方法能够合理分配质检员的工作重心。让数据标注项目即使在质检员人数不充足的情况下，仍然能够采用实时检验方法。

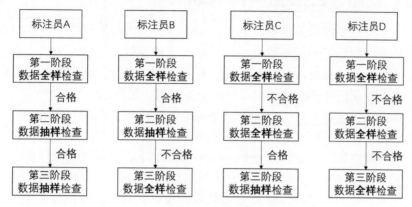

图 5-11　多重抽样检验辅助实时检验

2．辅助全样检验

以多重抽样检验方法辅助全样检验，是在全样检验完成后的一种补充，主要作用是减少全样检验中的疏漏，提高数据标注的准确率。

如图 5-12 所示，在全样检验完成后，先对标注员 A 与标注员 B 的标注数据进行第一轮抽样检验，如果全部检验合格，则如同标注员 A——在第二轮抽样检验中检验的标注数据量较第一轮减少 50%。如果第一轮抽样检验中发现存在不合格的标注，就如同标注员 B——在第二轮抽样检验中检验的标注数据量较第一轮增加一倍。

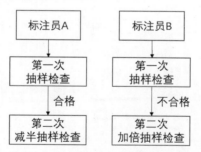

图 5-12　多重抽样检验辅助全样检验流程

在多轮的抽样检验中，如果发现同一标注员有两轮抽样检验存在不合格的标注，则认定此标注员标注的数据集为不合格，需要进行重新全样检验，并对检验出的不合格的数据标注进行返工。如果标注员没有或只有一轮的抽样检验存在不合格的数据标注，则认定该标注员的数据标注为合格，该标注员只需改正检验中发现的不合格标注即可。

多重抽样检验有其明显优势，比如能够合理调配质检员的工作重心，可以有效地弥补其他检验方法的疏漏，切实提高数据标注质量检验的准确性，但多重抽样检验只能辅助其他检查方式，如果单独实施，则会出现疏漏。

5.4 数据标注质量风险控制

为了使机器的学习效果符合项目预期，我们需要先保证机器学习所使用的数据达到相关的质量标准。为了实现这一目标，需要在项目实施过程中对项目质量进行管理和控制，通过质量测量工具或方法验证数据的实际准确率，并根据准确率偏差情况分析偏差原因，采取偏差纠正措施。

数据标注项目常见的质量问题处理措施一般有四种，分别是错题复盘、易错题总结和考试、人员汰换、插件或者工具的使用。

在做错题复盘时可以结合 QC 七大手法（旧），对错误的标注数据进行数据分析，观察错误数据类型分布、错误数据人员分布等错误数据的特征，采取针对性的解决措施。若要观察数据错误类型分布，我们最常采用 QC 七大手法（旧）里的柏拉图来进行数据分析。柏拉图是罗马尼亚管理学家约瑟夫·朱兰提出的一条管理学原理，也称八二原则，即"20%的人口掌握了80%的社会财富"，同理可得 20%的错误类型占了 80%错误数。柏拉图一般用来分析、定位问题的主要矛盾点，如图 5-13 所示。

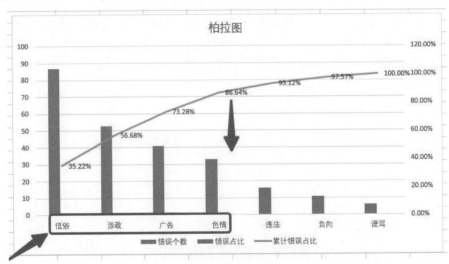

图 5-13　柏拉图示例

使用柏拉图进行错误的标注数据统计时，需要先对错误的标注数据进行分类和计数，将各类错误的发生次数从高到低依次排列，再统计从高到低的错误类型中错误数的累计占比，根据柏拉图的八二原则，我们可以得到导致质量问题发生的几个主要原因，再根据主要错误原因采取问题改善措施，这样能够有效地解决质量问题，用最低的成本获得最快速的收益。

在经过错题分析后，我们可以得到易错题的类型总结。除了对错题进行复盘外，我们还可以增加考试，验证复盘效果或考察标注人员对易错题的掌握情况。若错误数据集中在某些标注人员身上，在经过多次复盘和考试之后仍没有改善、提升的，则可以考虑劝退该标注人员。

除了提升标注人员的准确率，我们还可以借助工具或者插件提升准确率。以错别字项目为例，暧昧的"暖"和温暖的"暖"、日子的"日"和子曰的"曰"属于极难区分的形近字。对于这种情况，我们可以通过使用高亮插件，将常见、易错的字词通过高亮的方式进行提醒。图 5-14 所示是高亮插件的使用效果，可以对设置好的高亮词进行飘色提醒。

图 5-14　高亮插件效果示例

5.5　作业与练习

1. 标框标注的质量标准是什么？根据标框标注的质量标准进行标注与质检。
2. 区域标注的质量标准是什么？根据区域标注的质量标准进行标注与质检。
3. 语音标注的质量标准是什么？根据语音标注的质量标准进行标注与质检。
4. 实时检验方法的流程与优缺点是什么？
5. 全样检验方法的流程与优缺点是什么？
6. 抽样检验方法怎样配合其他两种检验方法？其流程与优缺点分别是什么？

参考文献

[1] 约瑟夫·M·朱兰, 约瑟夫·A·德费欧. 朱兰质量手册[M]. 焦叔斌, 苏强, 杨坤, 段桂江, 姜琳, 岳盼想, 译. 北京：中国人民大学出版社, 2014.

[2] 菲利浦·克劳士比. 质量免费[M]. 杨钢, 林海, 译. 山西：山西教育出版社, 2011.

[3] 菲利浦·克劳士比. 质量无泪[M]. 零缺陷管理中国研究院·克劳士比管理顾问中心, 译. 北京：中国财政经济出版社, 2005.

[4] 刘鹏. 深度学习[M]. 北京：电子工业出版社, 2017.

[5] 王兰会. 质量管理部规范化管理工具箱[M]. 北京：人民邮电出版社, 2010.

[6] 山田秀. TQM 全面品质管理[M]. 赵晓明, 译. 北京：东方出版社, 2016.

[7] 石川馨. 质量管理入门[M]. 刘灯宝, 译. 北京：机械工业出版社, 2016.

[8] 百度百科. 质量检验[DB/OL]. (2021-12-12) [2022-08-12]. https://baike.baidu.com/item/质量检验.

第 6 章

数据标注进度管理

进度管理是项目管理的重要工作内容。为了合理地安排资源、控制成本、保证项目如期完成,需要对项目进度制定规划。项目进度规划的目标是在规定的时间内制订符合项目工期目标的生产计划。

在实际的数据标注项目进度管理过程中,通常需要先了解项目的标注或者质检效率,也就是标注或质检人效,再以此来计算完成项目工作量所需要的总工时,并进行项目进度规划和管理。人效的测算结果将会影响项目进度的规划和成本预估,人效的测算方式将影响项目进度的规划和成本预估的准确性。

6.1 数据标注人效制定

为了对数据标注项目的进度和成本有更加科学合理的管理和控制,在试标阶段或者项目执行过程中,我们会对标注或质检的人效做测量。人效的测量方式有很多种,常用的方式有定时测量、定量测量、步骤拆解三种。企业在测量人效时,一般采用多人同时测量,将测量结果的平均值作为人效测量结果以此进行进度规划和成本预估。人效测量的结果是可变的、迭代的,可以在项目不同周期或不同状态时多次测量,以此得到最符合当前生产力的人效值,最终得到最合理、科学的进度规划和成本评估结果。

6.1.1 定时人效测量

定时人效测量法指的是测试在一定的生产时间内人员的生产产量,如表 6-1 所示。测试的时长可以根据项目的具体情况制定,一般来说测试的时长不能是短短的几分钟,因为测试样本的多样性限制,时间过短将导致测试的效果有偏差。为了使测量的结果更加科学可靠,企业定时测量的一般时长是 1 个小时。在测量时,我们需要保证测量的过程不被干扰或中断,避免测量得到的产量比实际值偏低。测量的时长可以是正常计时,即从测量开始到测量结束,持续 1 个小时就停止测量,但是若测量的过程中出现了不可避免的干扰,可以停止计时,直至恢复正常生产再继续计时,用间断性计时来进行测量数量的统计。

表 6-1 定时人效测量

参与测量人数	测试时长	测量环境描述	计时方式	测试结果	结果输出
≥2	≥1H(可根据项目实际要求限制时长)	在无干扰状态下正常生产	正常计时	生产产量	每小时产量
		遇到不可避免的干扰	间断性计时		

6.1.2 定量人效测量

定量人效测量法指的是测试标注固定的数据量时,标注人员所需的标注时长。和定时人效测量法不同的是,定量人效测量法是固定标注数量,如表 6-2 所示。为了使测量的结果更加准确,测量使用的数据样本最好贴近实际数据类型。和定时人效测量法一样,定量人效测量法最好也是多人测量,测量的过程也需要避免出现干扰,若不可避免地出现了干扰,可以停止计时,直至恢复正常生产时再继续计时,通过间断性计时来进行测量时长的统计。

表 6-2 定量人效测量

参与测量人数	测试数量	测量环境描述	计时方式	测试结果	结果输出
≥2	可根据项目实际要求确定	在无干扰状态下正常生产	正常计时	生产时长	每小时产量
		遇到不可避免的干扰	间断性计时		

6.1.3 步骤拆解人效测量

步骤拆解人效测量法是指先定义数据标注的生产步骤,接着将每一个步骤进行活动顺序排列,估算每个活动出现的概率,再测量每一个步骤持续时间,用持续时间乘以概率得出每个活动所需平均时间,最终将这些活动所需平均时间汇总,得到完成生产所需的平均生产工时。我们举一个简单的做饭的例子来进行说明,假设做饭是从打开米缸开始,至打开电饭煲煮饭功能结束,那么我们先定义做饭的过程并进行排序,做饭的过程包括打开米缸→拿起量杯→量取需要的米→把米倒入淘米盆→走到水龙头前→打开水龙头接水→淘米第 1 次→打开水龙头接水→淘米第 2 次→打开水龙头接水→淘米第 3 次→走到电饭煲前→打开电饭煲→把米倒入锅里→走到水龙头前→往锅里加入适量水→盖上电饭煲→打开煮饭功能,再测量每个活动完成所需的时间和发生的概率,得到每个活动的平均耗时,最后得到人效。如表 6-3 所示,做饭这件事我们大概需要用 71s 来完成。

表 6-3 步骤拆解法举例

定义生产步骤	估算活动出现概率	测量活动持续时间	活动平均耗时/s	平均生产工时/s
打开米缸	100%	3	3	
拿起量杯	100%	4	4	
量取需要的米	100%	5	5	
把米倒入淘米盆	100%	3	3	
走到水龙头前	100%	5	5	
打开水龙头接水	100%	5	5	
淘米第 1 次	100%	10	10	
打开水龙头接水	100%	5	5	
淘米第 2 次	100%	5	5	71
打开水龙头接水	10%	5	0.5	
淘米第 3 次	10%	5	0.5	
走到电饭煲前	100%	5	5	
打开电饭煲	100%	2	2	
把米倒入锅里	100%	2	2	
走到水龙头前	100%	5	5	
往锅里加入适量水	100%	5	5	
盖上电饭煲	100%	2	2	
打开煮饭功能	100%	4	4	

6.2 数据标注进度规划

在经过 6.1 节的测量得到人效之后,我们便能根据项目标注总需求量进行计算,得到在当前的人效情况下项目完成的总工时,再结合资源供应情况得到项目的整体周期。项目进度的管理工具有很多种,常见的是甘特图和关键路径法。

甘特图也叫作线条图或横道图,一般纵向是任务名称和任务持续时间,横向是日期表,在绘制甘特图时,需要先对各项活动排序,计划各项活动开始和结束的时间,如图 6-1 所示。甘特图的优点是简单明了、直观清晰,是快速确认项目实际进度与预期进度是否存在偏差的工具。但甘特图无法体现各个活动之间的关系,因此甘特图不适用于复杂的项目。

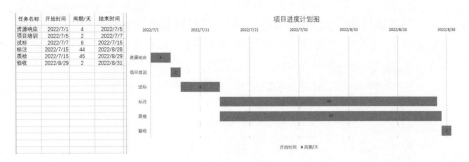

图 6-1　甘特图示例

1956 年，美国杜邦（Du Pont）公司的主要负责人 Morgan Walker 和雷明顿兰德（Remington Rand）公司的数学家 James E. Kelly 研究并使用了关键路径法，后来该方法被世界各地广泛运用。关键路径法是在项目的进度中设置里程碑，用网络图表示里程碑，用箭头代表作业，在箭头上标注每个里程碑所需的完成时间，一般习惯从左向右画关键路径图，然后从左边开始计算每项作业的最早结束时间（EF），该时间等于最早可能的开始时间（ES）加上该作业的持续时间。当所有作业的结束时间都计算完成时，就可以得到完成整个项目所需要的时间。从右边开始，根据整个项目的持续时间决定每项作业的最迟结束时间（LF），最迟结束时间减去作业的持续时间得到最迟开始时间（LS），每项作业的最迟结束时间与最早结束时间，或者最迟开始时间与最早开始时间的差额就是该作业的时差。如果某作业的时差为零，那么该作业就在关键路线上，项目的关键路线就是所有作业的时差为零的路线。示例如图 6-2 所示。

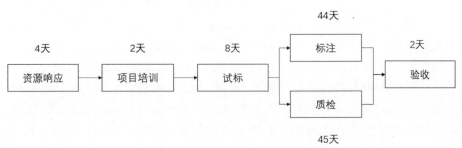

本案例所需项目周期为：4+2+8+45+2=61（天）

图 6-2　关键路径法示例

6.3　数据标注进度风险控制

为了对项目的实时进度有一个清晰的了解和跟进，企业一般会使用数据管理平台或者看板来进行项目进度管理。一般是通过统计当前的项目累计完成量和日均产出量，求出项目累计完成量与项目总需求量的差，再除以日均产出量来预估尚需工作日，最后将项目交付日与预估尚需工作日进行对比，估算项目是否能够如期交付，即（项目总数据量-当前累计完成量）/（当前累计完成量/已工作天数）=预估尚需工作日。示例如图6-3所示。

总数据量	748				
生产日期	日完成量	总完成量	剩余工作量	日均产值	尚需工作日
8月11日	43	279	469	139.5	3.36
8月12日	236				
8月13日					
8月14日					
8月15日					
8月16日					

总数据量	748				
生产日期	日完成量	总完成量	剩余工作量	日均产值	尚需工作日
8月11日	43	457	291	152.3333	1.91
8月12日	236				
8月13日	178				
8月14日					
8月15日					
8月16日					

总数据量	748				
生产日期	日完成量	总完成量	剩余工作量	日均产值	尚需工作日
8月11日	43	748	0	187	0.00
8月12日	236				
8月13日	178				
8月14日	291				
8月15日					
8月16日					

图6-3 数据标注项目进度看板示例

在数据标注项目的实施过程中，经常会遇到进度不符合预期的情况，常见的进度控制措施是加人、赶工、工具和插件的使用。加人，顾名思义就是增加作业人员。例如原来10个人做项目，通过增员变成20个人做项目，在每个人投入时长不变的情况下产能一定能够增加。赶工，就是加班，在现有的人力情况下增加每个人的投入工时以达到产能提升的目的。另外就是增加工具和插件的使用，有些项目能够使用工具或插件，减少标注步骤耗时，提升标注效率，从而达到产能提升的目的。

6.4 作业与练习

1. 标注人效制定的三种方法分别是什么？
2. 实时人效测量法指的是什么？有什么需要注意的事项？
3. 定量人效测量法指的是什么？和实时人效测量法有哪些不同？
4. 什么是步骤拆解人效测量法？请简要概括。
5. 若遇到进度不符合预期的情况，可使用的进度控制措施是哪三种？
6. 项目进度的管理工具有很多种，常见的是哪两种？

第 7 章

数据标注平台

7.1 线上平台

7.1.1 竹节实战平台介绍

竹节平台是基于数据标注行业而产生的大规模、低成本、高质量的一站式在线数据标注平台,平台具有标注工具、任务分发和用户成长三部分主要功能。

1. 标注工具

具备语音、文本、无人驾驶、图片、视频等多类型内容标注功能,高度覆盖市面标注需求。

2. 任务分发

通过算法搭建用户能力模型,将不同类型、难度的任务分发给不同的用户,实现高效匹配。

3. 用户成长

以公会管理和成长等级作为主要方式,帮助用户快速成长为标注高手,以实现大规模的用户培养。

7.1.2 竹节平台使用方法

1. 注册登录

输入地址 https://zhujie100.com/login&source=106 后进入首页,单击"登

录/注册"前往注册登录页面，输入手机号和短信验证码，即可快速进入竹节，如图 7-1 和图 7-2 所示。

图 7-1　竹节平台-登录按钮

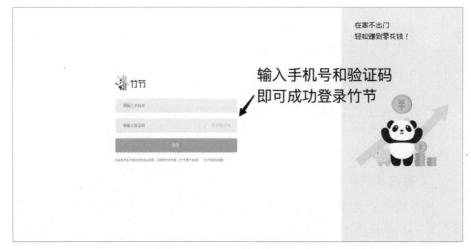

图 7-2　竹节平台-登录界面

2. 学习中心

如图 7-3 所示，学习中心包括课程学习和自由练习两大板块，其中课程学习包含新人攻略、专业课程和大神分享。

新人攻略：通过简单任务熟悉、入门课程学习和学习结果考试，帮助无经验同学快速入门，如图 7-4 所示。

专业课程：覆盖自动驾驶、医疗等多个方向专业培养课程，以及相应考试练习，以培养用户更高阶、更垂直的专业标注能力。

大神分享：用户可以看到平台其他用户的经验分享，提升个人标注能力。

图 7-3　竹节平台-学习中心-1

图 7-4　竹节平台-学习中心-2

7.1.3　AIDP 数据标注工具能力说明

1. 语音标注

AIDP 现有两种语言标注模式，分别为 ASR（语音分类、语音切分）和 TTS（TTS 精标、长文本切分）。

1）ASR 模式

ASR 模式可对一段音频内容进行分类标注或内容转写，从而用以语音分类；语音切分可将一段音频切成多个小段，可选择多段进行分类标注或内容转写。AIDP 平台支持区间重叠，即可用于标注相同段落的语音内容。值得一提的是，限制最大区间数后，只可截取最大语音段数。当有提供机器预标时，可以选择修改或不修改预标注结果，同时可自定义配置可修改和不可修改的字段。

（1）快捷键说明。

ASR 模式中的快捷键说明如图 7-5 所示。

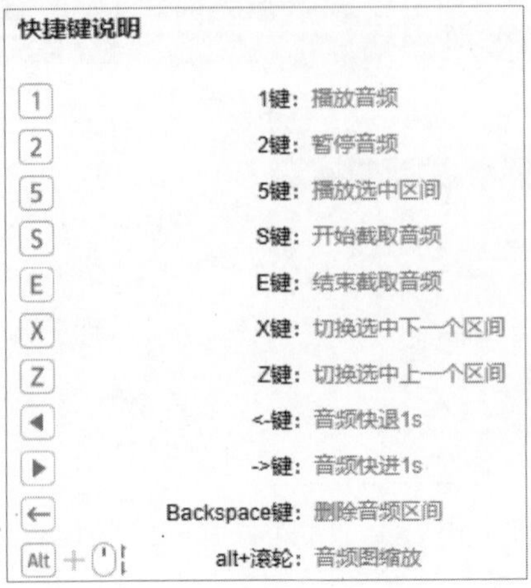

图 7-5　ASR 模式-快捷键说明

（2）语音播放。

ASR 模式中的语音标注界面如图 7-6 所示。

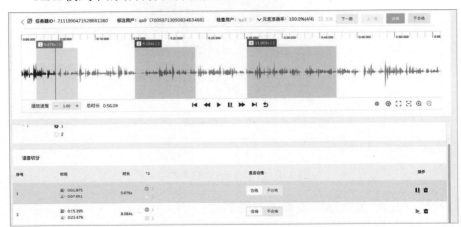

图 7-6　ASR 模式-语音标注界面

语音支持自动循环播放，该功能默认开启。

单击"播放"按钮，音频从黑色切割线位置开始以设定速度顺序播放，播放至音频结尾停止。

单击"区间"，音频从单击位置开始以设定速度顺序播放，播放至音频结尾停止。

（3）波形图缩放。

单击"全屏显示"按钮音频波形图将以 1∶1 比例完全展示在音频区域。单击"选中区间全屏显示"按钮，当前选中音频段将展示在用户视野范围内。缩放倍率支持 1～30 倍，如图 7-7 所示。

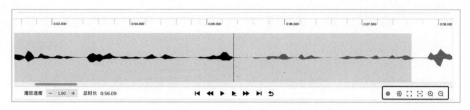

图 7-7　ASR 模式-波形图缩放

（4）语音切分。

在音频波形图区域拖拽选中一个区间，鼠标松开后即切分成功。选中需要删除的区间，再单击音频波形图右下角的删除按钮，即可删除选中的区间。选中区间上方会显示信息，如图 7-8 所示。

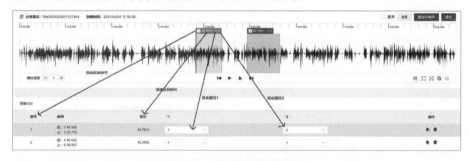

图 7-8　ASR 模式-语音切分

光标定位在音频波形图区域的区间边界线上拖拽调整位置，鼠标松开后即调整边界位置成功。光标定位音频波形图区域的区间位置，出现十字箭头后拖拽调整位置，鼠标松开后即移动区间成功，如图 7-9 所示。

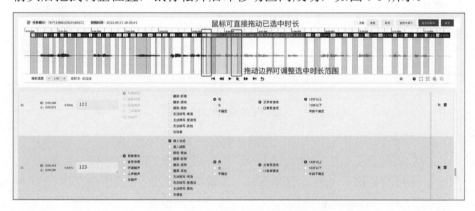

图 7-9　ASR 模式-改变区间范围

当语音切分最大截取段数为 1 时，按 S、E 键可调整当前已截取段的左右边界。根据区间序号选择对应属性，填写音频转写内容，如图 7-10 所示。

（5）辅助功能。

ASR 模式可提供两种辅助功能：E-H-Q 语言模型词库（见图 7-11），包含粤语、重庆话方言词典的词库搜索功能；音画同步设置功能（见图 7-12），开启后支持音画同步展示和播放,音画同步实时字幕,辅助质检环节。

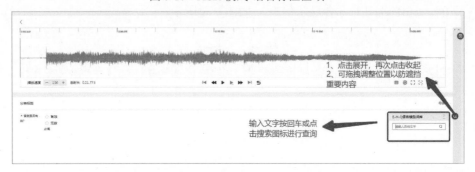

图 7-10　ASR 模式-语音标注区域

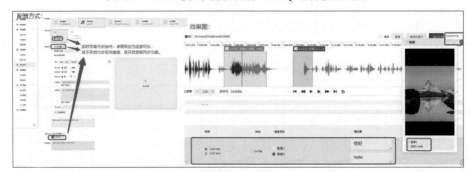

图 7-11　ASR 模式-辅助功能-E-H-Q 语言模型词库

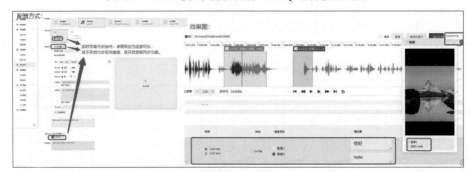

图 7-12　ASR 模式-辅助功能-音画同步

2）TTS 模式

TTS 指基于文本生成语音的技术,平台可支持 TTS 精标和长文本切分。TTS 精标指的是拼音标注、韵律标注、音素切分标注,支持"全局区间""局部区间""帧"的标注层设置。长文本切分现在可支持"全局区间""局部区间"的标注层设置,语音图会显示刻度尺。全局区间层面的操作会针对整条音频进行标注,起止位置即整条音频的开始结束位置,常用于标注一些全局信息,如整条音频的转写、语种识别等。局部区间层面的操作针对音频中被切分出的部分时间段进行标注,主要标注拼音、音素以及其他针对部分时间段的信息。帧层面的操作是指针对音频的某一时刻进行标注,主要标注韵律。

(1) 快捷键说明。

TTS 模式中的快捷键说明如图 7-13 所示。

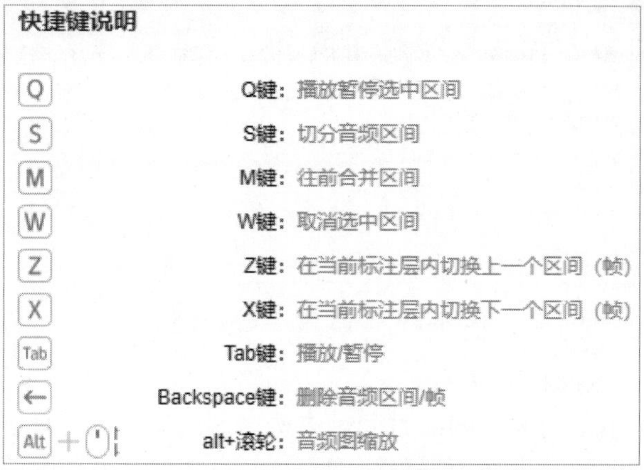

图 7-13　TTS 模式-快捷键说明

(2) 播放音频。

单击"播放"按钮播放或者按 Tab 键播放整条音频。单击"播放选中区间"按钮播放当前已选中或是在音频区临时拖拽的某个局部区间（未选中局部区间时不可单击），可调节播放速度。如图 7-14 所示，单击右侧"缩小""放大"按钮控制音频图水平缩放，缩放倍率支持 1～30 倍。放大状态下如需水平移动音频图，在笔记本电脑触摸板上滑动即可实现。单击"全屏显示音频图"按钮会将整条音频的音频图完全展示，单击"全屏显示选中区间音频图"按钮会在当前视野中只展示选中区间的音频图。

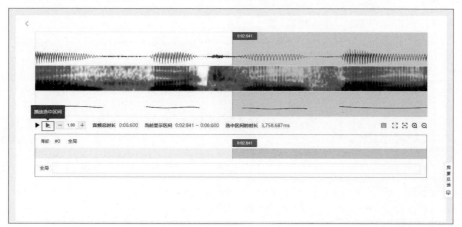

图 7-14　TTS 模式-播放栏

(3) 全局标注说明。

鼠标左键单击全局标注层区域即可选中整条音频，鼠标左键双击，可以进行文本编辑、音频播放、根据具体标注规则转写文本或选择标签，如

图 7-15 所示。

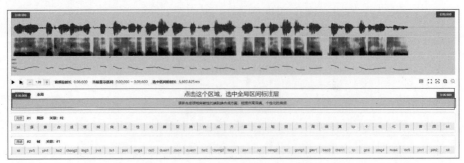

图 7-15　TTS 模式-选中全局

（4）局部区间标注说明。

鼠标左键单击局部区间的时间轴来选中区间后，可进行更细节的操作。

切分音频区间时先选中局部区间类标注层，然后光标悬浮在音频区域，鼠标左键单击确定 1 个切割位置，按 S 键可从该位置将一个音频区间一分为二（注意：切分前需先选中区间），如图 7-16 所示。针对区间填写内容，则先选中局部区间类标注层以及具体要操作的区间，鼠标左键双击标注层的某一个单元格，开启编辑状态，可直接在该单元格上编辑修改文字或下拉选择选项，如图 7-17 所示。

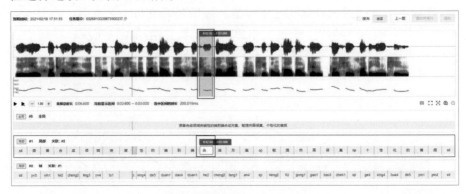

图 7-16　TTS 模式-局部选中编辑

图 7-17　TTS 模式-下拉选框

切换选中音频区间时可以通过两种方式，按 Z 键（切换至上一个区间）、X 键（切换至下一个区间）切换选中区间，或者鼠标单击该局部区间标注层的区间区域切换选中区间，如图 7-18 所示。按 W 键取消选中。删除音频区间则先选中局部区间类标注层以及需要删除的区间，再按 D 键删除该区间，被删除区间的时间段将和前一个区间合并。

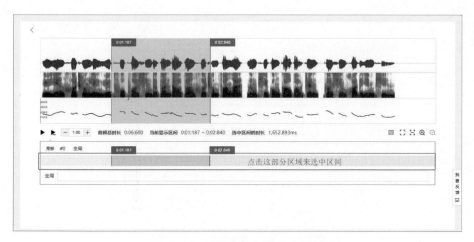

图 7-18　TTS 模式-切换选中区间

调整区间边界时先选中局部区间类标注层以及需要调整边界的区间，在音频图区域以及该局部区间类标注层区间拖拽区间边界均可，鼠标悬浮上去出现左右箭头后即可开始拖拽，如图 7-19 所示。删除区间、调整区间边界均同步影响关联标注层的区间以及帧。

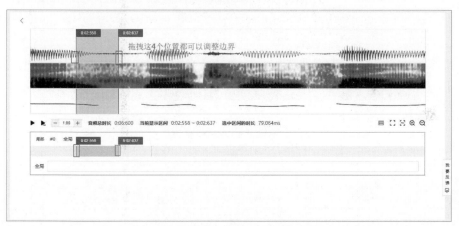

图 7-19　TTS 模式-局部片段边界拖动

按 M 键可将当前选中的局部区间与前一个局部区间的文字拼接合并，关联的局部区间标注层也一并合并文字，关联的帧类标注层只保留合并前第一帧的对应文字，其他文字删除，如图 7-20 所示。若当前选中的是顺序第一个区间，按 M 键不生效。若当前未选中局部标注层的任意区间，按 M 键不生效。

（5）帧标注说明。

增加帧位置前确保该位置还没有标注帧。先选中关联的区间，再按 A 键在该位置新标注一个帧。针对帧填写内容或选择选项（韵律）时，先选中帧类标注层以及具体要操作的帧位置，在下方出现的文本框中填写内容或者选择分类标签。切换选中帧位置的两种方式是，按 Z 键（切换至上一个帧）、X 键（切换至下一个帧）切换选中帧，鼠标单击该帧区域切换选中帧，如图 7-21 所示。删除帧位置时先选中帧类标注层以及需要删除的帧，按 D 键删除该帧位置。

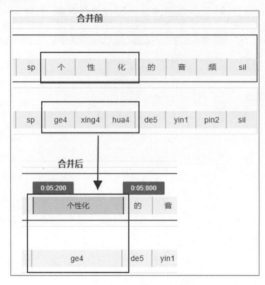

图 7-20　TTS 模式-合并文字

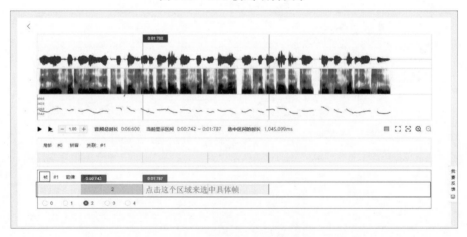

图 7-21　TTS 模式-切换选中帧

2．图片标注工具

AIDP 图片标注工具具备 5 种功能，分别是图片分类、矩形标注、多边形标注、画线标注、标注关键点。工具允许图片旋转和翻转，标注图片可进行上下左右旋转及镜像翻转。旋转及标注后的结果，会继续流入后续环节。

1）图片分类

图片标注界面如图 7-22 所示，包括图片区和问题区，问题种类有单选题、多选题、填空题、下拉选择、多级联选等，有必选题和非必选题，也可以设置一个默认答案。单击图片任意空白区域（未标注框和线的区域）或右侧列表中的"图"按钮来选中图片，然后选择图片标签，必填项必须选择，否则无法提交结果。

图 7-22　AIDP 标注平台-进行图片分类

平台可支持的快捷键如图 7-23 所示。

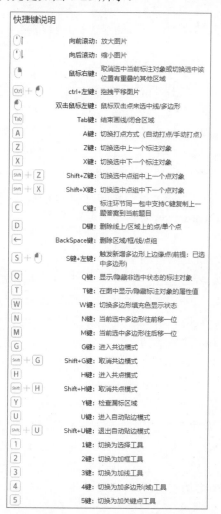

图 7-23　AIPD 标注平台-图片模板快捷键说明

2）矩形标注

如图 7-24 所示，可通过按 2 键或单击左侧工具栏中的"加框工具"切换至加框模式；在图中点 2 点拉框，2 点确定矩形框的左上角、右下角顶点；在右侧属性栏选择该框对应属性值，必填项必须选择，否则无法提交结果。

图 7-24　AIDP 标注平台-矩形标注

按 1 键/单击左侧工具栏中的"选择工具"切换至选择模式，选择模式下不可修改、新增、删除框、线、多边形，仅支持选中。此模式下鼠标左键单击图中框的区域来选中该框；鼠标单击右侧列表对应的框序号也可选中框；通过快捷键可以切换框：Z 键切换到上一个标注对象，X 键切换到下一个标注对象。选中框后，鼠标拖拽四边或四个顶点可调整矩形框，选中框后，按键盘上的上、下、左、右键可平移框，选中框同时按住鼠标左键可拖拽平移框。按 BackSpace 键删除可选中的框。

3）多边形标注

多边形标注分为固定点数的多边形标注和不固定点数的多边形标注。

固定点数时，按 4 键/单击左侧工具栏中的"加多边形工具"，在图中分别打下固定的点数后，多边形自动闭合，然后在属性栏选择该多边形的属性值即可；不固定点数时，在图中打点确定多边形的顶点，直至标注员判断标注完成，按下 Tab 键将多边形闭合，标记上属性值。

选中多边形上的边缘点拖拽可调整该多边形形状，按 BackSpace 键可删除选中的多边形。如果要添加多边形上的点，首先选中需要加点的多边形，一直按住 S 键鼠标单击落点，新增的点自动与该点距离最近的 2 点连成线。按 D 键则可删除选中的点。选中多边形有两种方式，鼠标左键单击图中多边形的区域来选中该多边形，或鼠标左键单击右侧列表对应的域序号（域即指多边形）选中多边形。通过 Z 键、X 键可切换上一个或下一个目标。鼠标单击图中多边形上的点可选中该点，按 W 键可切换多边形填充色显示状态，如图 7-25 所示。

图 7-25　AIDP 标注平台-多边形标注

4）画线标注

按 3 键/单击左侧工具栏中的"选择工具"切换至 "加线工具";在图中依次单击画线,默认为手动打点方式,可按 A 键切换至自动打点(即无须手动单击鼠标落点,随着鼠标移动自动将点打在鼠标移动轨迹上);打完线的最后一个点后按 Tab 键确定,新生成一条线,如图 7-26 所示;在右侧属性栏选择该线对应属性值,必填项必须选择,否则无法提交结果。

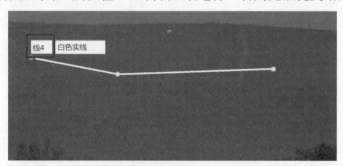

图 7-26　AIDP 标注平台-画线标注

鼠标单击图中线上的点可选中该点,选中线上的点再拖拽可调整线的形状和方向。按 BackSpace 键可删除选中的线。按 D 键可删除选中的点。鼠标左键双击线上的所有点都可以选中该线;单击线起点位置的"线 4"区域也可选中该线;还可以单击右侧列表的线序号选中线。通过 Z 键、X 键可切换标注对象。

5）标注关键点

(1)标注点。

如图 7-27 所示,按 5 键/单击左侧工具栏中的"加点工具"切换至加点模式;在图中对应位置落点;在右侧属性栏选择该点对应属性值,必填项必须选择,否则无法提交结果。

鼠标单击图中关键点选中该点,也可单击右侧列表对应的点序号选中该关键点,按 D 键可删除选中的关键点,拖拽可移动点。通过 Z 键、X 键可切换选中的点。

图 7-27　AIDP 标注平台-打点标注

(2)标注点组。

按 5 键/单击左侧工具栏中的"加点组工具"切换至加点组模式;在图中对应位置落下点,没标完点之前禁止其他一切操作;落完该点组要求的点数后,在右侧属性栏选择点组以及选中的点对应的属性值,必填项必须选择,否则无法提交结果。

鼠标单击图中的点选中该点,鼠标单击右侧列表对应点组的点序号也可选中该点,通过快捷键 Shift+Z、Shift+X 可切换选中点组内的点:Shift+Z 可切换本点组内上一个点,Shift+X 可切换到本点组内下一个点。按 BackSpace 键删除选中的点组(不支持删除点组中单个点)。

6)其他功能介绍

(1)手动共边共点功能。

共边即指多边形 A 复制多边形 B 的某些点坐标及其连线,在视觉上看起来是 2 个多边形共用一条边。按 G 键进入共边模式,单击要共边的位置点,起点+中点+⋯,按 Shift+G 快捷键退出共边模式,如图 7-28 所示。

图 7-28　AIDP 标注平台-手动共边模式

同共边类似,共点指多边形 A 复制多边形 B 某个点的坐标,在视觉上看起来是 2 个多边形共用了一个点，实际上还是分别属于 2 个多边形的 2 个点。按 H 键进入共点模式，单击要共点的位置点，按 Shift+H 快捷键退出共点模式，如图 7-29 所示。

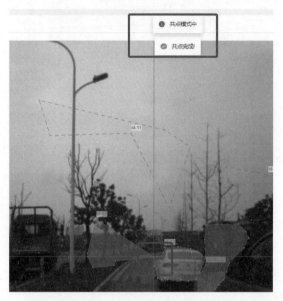

图 7-29　AIDP 标注平台-手动共点模式

（2）自动共边功能。

自动共边功能仅在多边形（域）工具拉框中使用。如图 7-30 至图 7-33 所示，选取"加多边形工具"，在图片中拉框，按 F 键进入共边模式，再次拉框，边缘自动吸附，呈现共边状态。

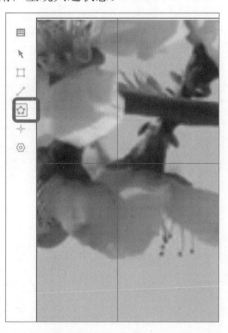

图 7-30　AIDP 标注平台-选取"加多边形工具"

图 7-31　AIDP 标注平台-拉出第 1 个矩形框

图 7-32　AIDP 标注平台-进入自动共边模式

图 7-33　AIDP 标注平台-拉出第 2 个矩形框

（3）调整几何图形图层顺序。

运用该功能的前提条件是模板标注了多边形，且选中了多边形。如图 7-34 所示，选中标注的多边形的域 ID，按 N 键域 ID 往前移一位，按 M 键域 ID 往后移一位。

图 7-34 AIDP 标注平台-调整多边形图层顺序

（4）一键检查漏标区域。

按 Y 键可按标注结果将"有框和多边形覆盖的区域"与"没有框和多边形覆盖的区域"区分展示。有框和多边形覆盖的区域显示为不透明黑色。没有框和多边形覆盖的区域显示为不透明白色。再次按 Y 键回到原展示。图片模板不标注"矩形框"或"多边形"时按 Y 键不生效，页面提示"Y 键仅对矩形框、多边形生效"。若标注"矩形框"或"多边形"时也标注了"点"或"线"，则按 Y 键时点和线覆盖的区域会显示为白色。

（5）调整画布背景色。

单击"设置"，选择"图片画布背景色"，即可对画布背景色进行调整，如图 7-35 所示。

图 7-35 AIDP 标注平台-调整画布背景色

(6) 自动贴边功能。

图片模板新增"自动贴边"功能，支持在新增框、点、线、多边形的状态下开启"自动贴边"。

举例：假设刚落下的点 O 的坐标为 (Xp, Yp)，图片四边中距离点 O 最近的边为 M 边，在自动贴边模式下，点 O 的位置将自动平移到 M 边上。

标注方法：按 U 键进入自动贴边模式；按 Shift+U 快捷键退出自动贴边模式。

特殊情况如图 7-36 所示。

- 点落在图中浅灰色区域内（无字的非图片部分）时，将点自动移动到距离最近的某个图片四角点上。
- 点落在图中深灰色区域内（有字的非图片部分）时，按图上规则自动移动点位置。

图 7-36 AIDP 标注平台-自动贴边功能特殊情况

(7) Trackid。

使用 trackid 可对多个标注结果备注一个"ID 编号"，便于识别。如多边形标注汽车，点标注轮胎，trackid 都备注为 1，代表一组标注结果。

3. 点云标注工具

一般点云分类被看作单独标注功能，也可与其他功能同时开启。

1) 3D 框模式

选择模式下禁止增、删、改 3D 框，仅可对点云进行查看、平移、缩放、翻转及显隐性操作。编辑模式下可以对 3D 框进行增、删、改等操作，也可对点云进行查看、平移、缩放、翻转及显隐性操作（质检、验收环节不支持 3D 框编辑），如图 7-37 所示。

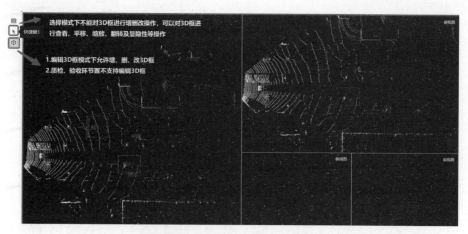

图 7-37　AIDP 标注平台-3D 框模式

3D 框模式下的标注快捷键如图 7-38 所示。

图 7-38　AIDP 标注平台-3D 框模式快捷键说明

2）分割模式

分割模式的标注界面如图 7-39 所示。

分割模式下的标注快捷键如图 7-40 所示。

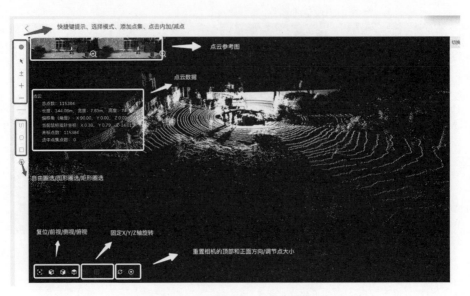

图 7-39 AIDP 标注平台-分割模式

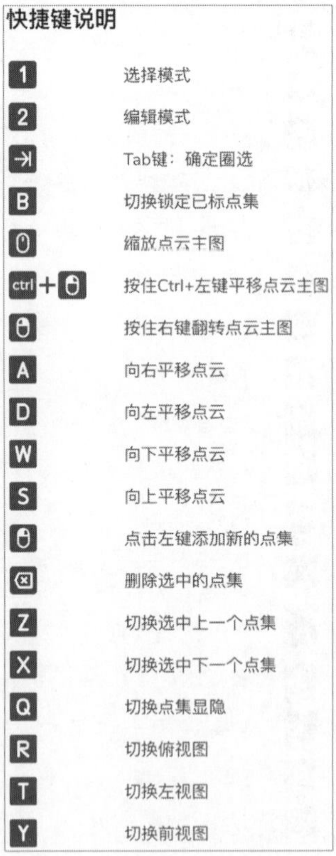

图 7-40 AIDP 标注平台-分割模式快捷键说明

3）线模式

线模式下的标注界面如图 7-41 所示。

线模式下的标注快捷键如图 7-42 所示。

图 7-41 AIDP 标注平台-线模式

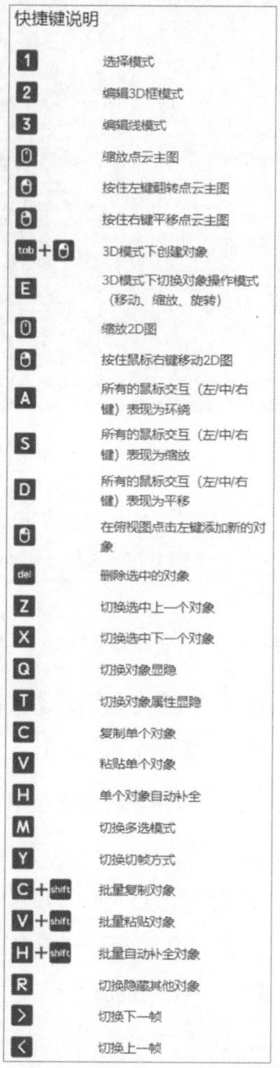

图 7-42 AIDP 标注平台-线模式快捷键

4）功能介绍

（1）视图缩放有两种方式，方式一是鼠标悬停在点云视图区域，滚动鼠标滚轮缩放点云，单次缩放比例为 10%（向前滚动：放大，向后滚动：缩小），方式二是单击左下角按钮缩放。

（2）点云主视图 360 度翻转及复位。将鼠标悬停在点云主图区域，按住鼠标左键后拖拽可以实现 360 度点云翻转，松开左键结束翻转。单击左下角按钮可以将点云主图回复原始状态，即俯视视角状态，如图 7-43 所示。

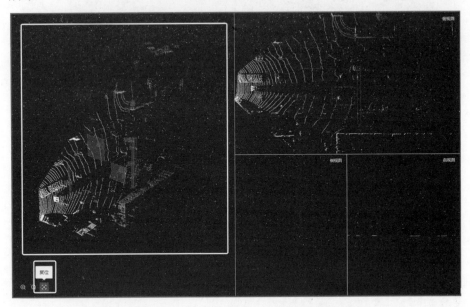

图 7-43　AIDP 标注平台-点云主视图 360 度翻转及复位

（3）点云平移有两种方式，方式一是鼠标悬停在点云主图区域，按住鼠标右键拖拽平移，方式二是长按快捷键实现点云平移，松开后停止平移。

（4）3D 框标注操作。

以下操作必须在编辑模式下进行。

添加 3D 框：鼠标悬停在点云俯视图区域，鼠标左键单击后拖动，松开左键时将绘制出一个新的正方体（6 个面大小一致），如图 7-44 所示，鼠标单击的位置至松开位置的连线作为正方体顶面的对角线。

3D 框选中：有两种方式，第一种在点云主图中单击需要选中的 3D 框，第二种单击右侧标注对象列表选中 3D 框，如图 7-45 所示。

调整 3D 框大小：选中需要调整的 3D 框，在点云俯视图、侧视图、前视图这 3 个视图中调整 3D 框大小，鼠标悬停在矩形框的顶点或四边上，出现双向箭头后拖动调整大小，如图 7-46 所示。

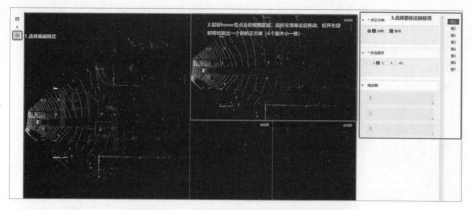

图 7-44　AIDP 标注平台-3D 框标注操作

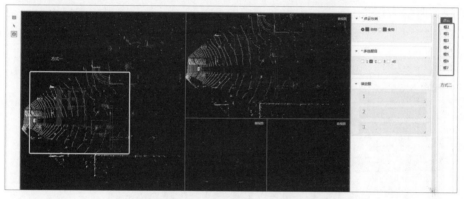

图 7-45　AIDP 标注平台-3D 框选中

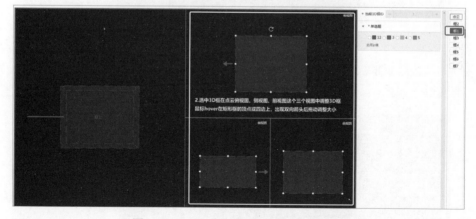

图 7-46　AIDP 标注平台-调整 3D 框大小

调整 3D 框位置：选中需要调整的 3D 框，在点云俯视图、侧视图、前视图这 3 个视图中调整 3D 框位置，鼠标左键单击矩形框，拖动平移，松开左键后平移成功，如图 7-47 所示。

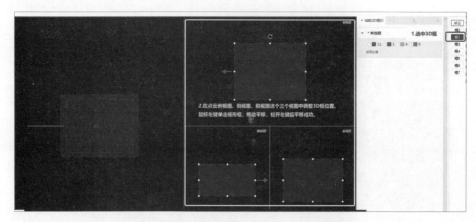

图 7-47　AIDP 标注平台-调整 3D 框位置

调整 3D 框方向：选中需要调整的 3D 框，在点云俯视图中出现可拖动旋转的图标，拖拉以旋转 3D 框顶，如图 7-48 所示。

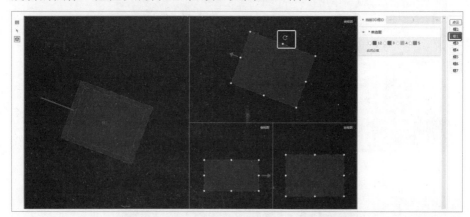

图 7-48　AIDP 标注平台-调整 3D 框方向

修改 3D 框属性：选中需要调整的 3D 框，在右侧属性表单修改该 3D 框属性，如图 7-49 所示。

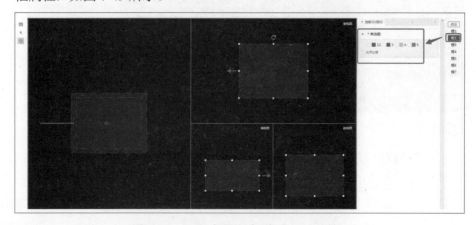

图 7-49　AIDP 标注平台-修改 3D 框属性

（5）在标题标注过程中，支持对标注进行"重置"和"暂缓并离开"，如图 7-50 所示。

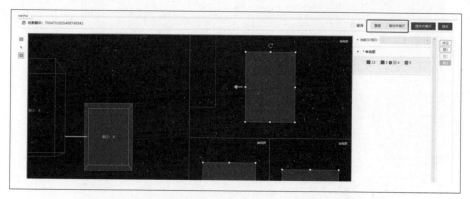

图 7-50　AIDP 标注平台-"重置"和"暂缓并离开"

（6）功能锁定。

先完成添加点集，按 B 键进入"锁定模式"，成功进入后页面顶部出现提示："已添加的点集锁定"。然后在锁定模式中再次添加点集或在点集中加点，新点集将不会覆盖原点集，再次按 B 键退出"锁定模式"，如图 7-51 所示。

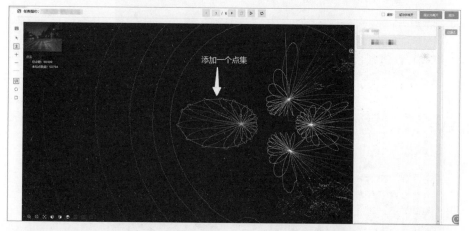

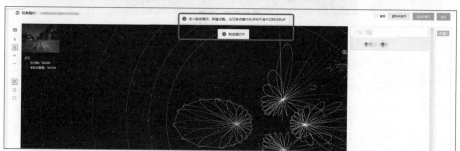

图 7-51　AIDP 标注平台-锁定模式

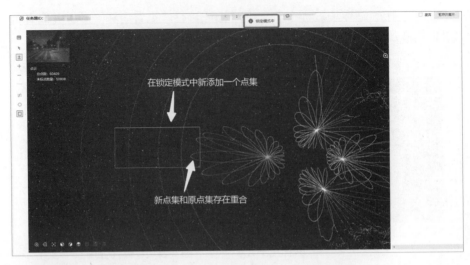

图 7-51　AIDP 标注平台-锁定模式（续）

（7）自动删除点数为零的点集。先添加点集，然后选择"减点模式"，用点集内减点的矩形框全部覆盖原点集。选中后原点集依然存在。此时按 Tab 键，原点集内的点数变为 0，原点集自动删除，如图 7-52 所示。

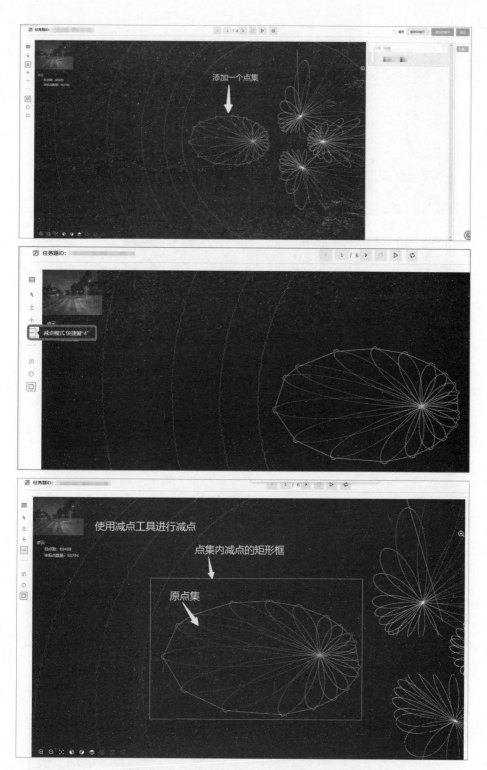

图 7-52 AIDP 标注平台-自动删除点和点集

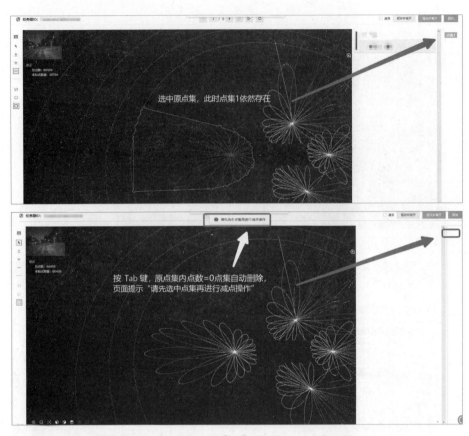

图 7-52　AIDP 标注平台-自动删除点和点集（续）

（8）一键检查遗漏标点。该功能覆盖标注、修改、检查、修改、质检、质检环节，按 3 次 Q 键依次进入"仅显示所有已标注的点""仅显示选中点集内的点""仅显示所有未标注的点"3 种显示状态，如图 7-53 所示。

图 7-53　AIDP 标注平台-一键检查遗漏标点

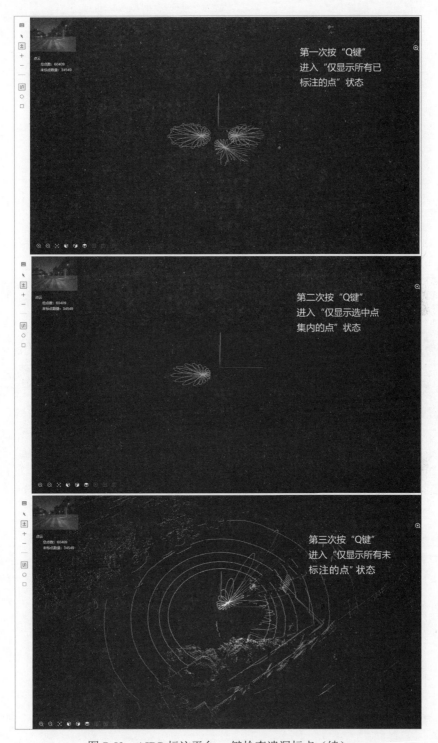

图 7-53　AIDP 标注平台-一键检查遗漏标点（续）

（9）对需要批注的位置进行分割，如图 7-54 所示；分割完成单击"标签"进入问题反馈页面，如图 7-55 所示；标注呈现在点云图中，单击"不合格"提交题目，如图 7-56 所示。

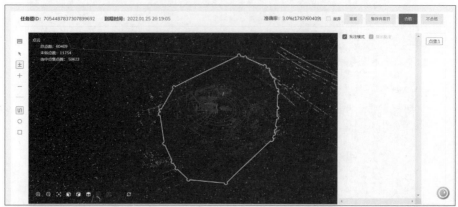

图 7-54　AIDP 标注平台-批注模式

图 7-55　AIDP 标注平台-不合格反馈

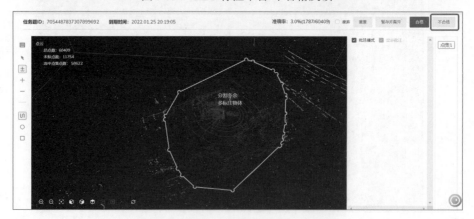

图 7-56　AIDP 标注平台-标注结果判定

4．文本标注工具

文本标注功能有文本分类、实体词抽取（即文本切分）、实体关系标注

3种类型。标注、标注修改、检查、检查修改流程支持新增、删除文本段，修改文本段标签，修改全文标签。

1）标注界面

AIDP 标注平台中，文本标注界面如图 7-57 所示。

图 7-57　AIDP 标注平台-文本标注

2）操作快捷键

文本标注的操作快捷键如图 7-58 所示。

图 7-58　AIDP 标注平台-文本标注工具快捷键

3）常用功能介绍

（1）为全文打标签。

选中"全文"（可通过鼠标单击最右侧列表中的"全文"按钮或使用 Z/X 键切换至选中"全文"），然后在属性表单中选择对应标签。

（2）为切分的文本段打标签。

按住鼠标左键拖拽选中需要切分出来的文本，鼠标左键松开时选中的文本即变成新建文本段。此时新建的文本段为选中状态，然后在右侧属性表单中选择该文本段的属性值。删除文本段则是选中需删除的文本段，按 D 键删除该文本段。选中文本段有 3 种方式，第一种鼠标单击最右侧列表，第二种使用 Z 键（切换选中上一个）、X 键（切换选中下一个）切换选中，第三种在文本区域鼠标右键单击文本段（若存在多个文本段重叠，则连续单击右键切换选中）。按 T 键可将未选中的文本段的属性值隐藏。

（3）一键标注相同文本。

在开启"一键标注相同文本"功能时，手动选择新加一个文本段后会同时将全文中其他相同内容的且未标注为文本段的内容也切分为文本段，并且使得它们属性值保持一致，直至切换选中其他文本段。例如，全文存在 10 个"您好"，当把其中一个"您好"切分为文本段时，其他 9 个"您好"也会被切分成文本段且这 10 个文本段属性保持一致。

（4）实体词关系标注。

文本模板新增功能"实体关系标注"，支持一题多文本标注。数据配置支持选择"一题一文本"（默认）、"一题多文本"，选择"一题多文本"时上传 csv 格式的文件需将文本处理为数组上传，且文本需要转义。实体关系问题配置项出现则必须至少设置 1 个问题。实体关系可视化是将文本区域一分为二，上方展示文本，下方展示实体关系词组列表。这部分功能支持新增实体关系、删除实体关系、修改实体关系。

5．组合标注工具

组合标注工具用于对多数据类型打分类标签，该工具支持对视频标注。若仅需对数据进行分类标注，请选择组合模板。可灵活调整页面内的题目数量，也可用于单文本、单音频的标注。标注功能有文本分类、文本切分。在标注过程中，根据具体标注规则，选择指定的分类标签或者填写内容即可。

1）标注界面

组合标注工具的标注界面如图 7-59 所示。

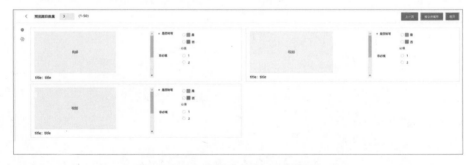

图 7-59　AIDP 标注平台-组合模板标注

2）操作快捷键

组合标注工具的快捷键如图 7-60 所示。若当前页数据中有视频，需将光标移出视频外按空格键才能提交生效。

图 7-60　AIDP 标注平台-组合标注工具快捷键说明

3）功能介绍

（1）播放器配置。

音频和视频播放器功能均可配置，配置后的配置项会被记住，无须每次进入作业界面都设置一次。每加载一个新音频/新视频均以设置的默认速度播放。音频播放器配置时音频自动播放和循环播放默认开启。视频播放器配置时视频的自动播放和同步播放默认不开启。

（2）词库搜索。

标注语音类数据时可选择开启词库搜索功能辅助标注。配置页面模板时开启"词库搜索"并选择具体需要用到的词库名称。当前提供的词库包含 E-H-Q 语言模型词库和方言词典（粤语词典、重庆话词典），如图 7-61 所示。

图 7-61　AIDP 标注平台-词库搜索

7.2　线下平台

本节将以数据标注实战的形式介绍两个数据标注线下平台——图形图像标注工具 LabelImg 和 Labelme。这两种工具都是用 Python 语言编写，并使用 Qt 的图形界面。本节实战使用的操作系统是 Windows 10 的 64 位系统，标注工具的安装环境是 Python 3.9+PyQt 5。本节将对标注工具安装环境搭建、标注工具的安装与使用方法进行介绍。

7.2.1　标注工具安装环境搭建

标注工具的环境采用 Python 3.9+PyQt 5。

Python 3.9 的下载地址：

https://www.python.org/ftp/python/3.9.1/python-3.9.1rc1-amd64.exe

PyQt 5 的下载地址：

https://pypi.tuna.tsinghua.edu.cn/simple/pyqt5/

使用版本：PyQt5-5.15.1-5.15.1-cp35.cp36.cp37.cp38.cp39-none-win_amd64.whl

1．安装 Python 3.9

打开 Python 3.9 的安装程序，如图 7-62 所示。

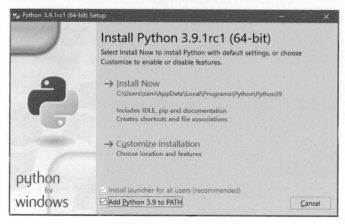

图 7-62　Python 3.9 的安装界面

单击 Next 按钮，进入下一步安装界面，Python 3.9 选择安装内容比较关键，"Add Python 3.9 to PATH" 这个选项默认是不安装的，但是我们在后期使用过程中需要用到，所以"Add Python3.9 to PATH"需要勾选，勾选之后单击 Customize installation（自定义安装）按钮进入可选功能界面，如图 7-63 所示。

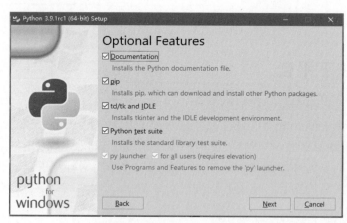

图 7-63　Python 3.9 可选功能

选择完成后，单击 Next 按钮进入下一步安装界面，如图 7-64 所示。

Python 3.9 默认的安装地址为 C 盘，C:\Python39\，也可以根据需求修改安装路径，安装路径确认后，勾选前 5 项，如图 7-65 所示。

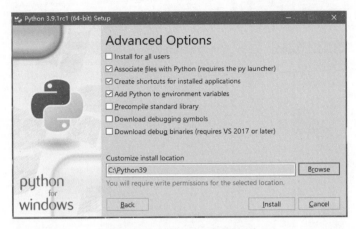

图 7-64　Python 3.9 高级选项

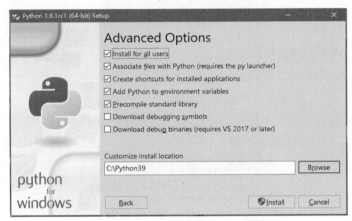

图 7-65　Python 3.9 高级选项勾选

高级选项勾选及安装路径确认后，单击 Install 按钮，进入安装进度读条界面，如图 7-66 所示。

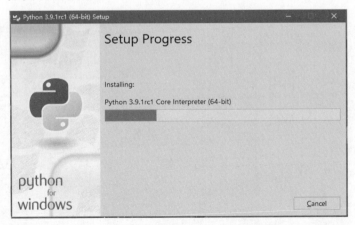

图 7-66　Python 3.9 安装进度

Python 3.9 安装进度条完成后进入 Python 3.9 安装完成界面，如图 7-67

所示。单击 Close 按钮或标题栏的"关闭"按钮关闭该窗口。

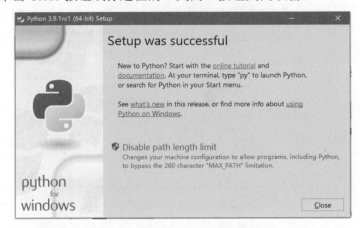

图 7-67　Python 3.9 安装完成界面

2．进入 Python 环境

使用快捷键 Win+R 打开运行窗口，输入 cmd，如图 7-68 所示，单击"确定"按钮，进入命令窗口，输入 python 命令，查看 python 能否正常使用，如图 7-69 所示，如果不能正常使用，请检查 Python 3.9 的环境变量设置以及 Python 3.9 的程序安装步骤。

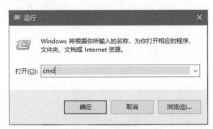

图 7-68　运行窗口

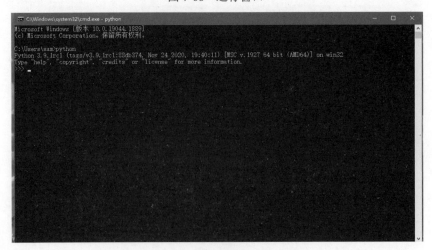

图 7-69　命令窗口执行 python 命令

3. 安装 PyQt5 与 lxml

在 Python 3.9 的安装目录下，输入 pip install pyqt5 等待安装完成，如图 7-70 所示。

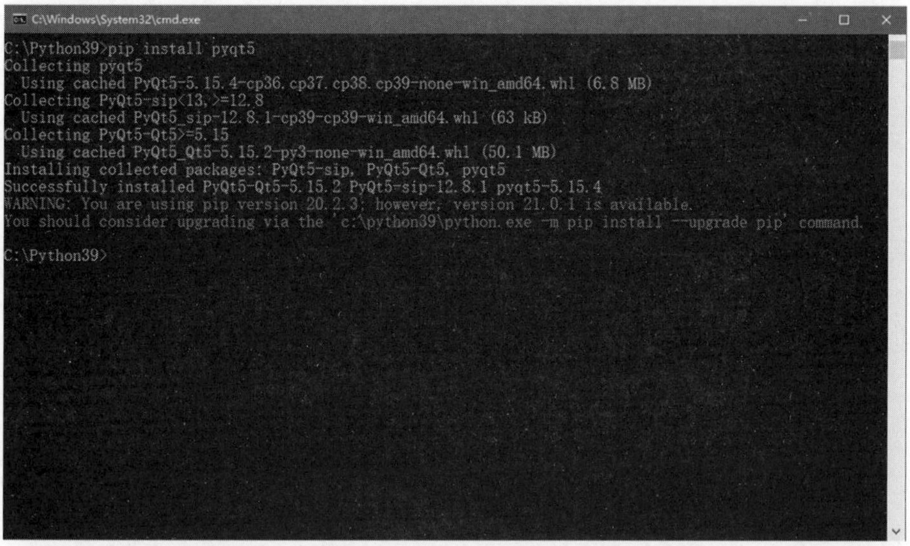

图 7-70 pyqt5 安装

在命令窗口中继续输入命令 pip install lxml，执行 lxml 的安装，如图 7-71 所示，等待 lxml 安装完成。此时 Python 3.9+PyQt 5 的实战环境已经搭建完成，下面将介绍 LabelImg 与 Labelme 标注工具的安装与使用方法。

图 7-71 lxml 安装

7.2.2 LabelImg 标框标注工具的使用方法

LabelImg 是一款标框标注工具，通过创建矩形框及标签属性标注相应区域内容，得到的标注信息是矩形框的位置大小和标签属性的 XML 文件，机器学习通过读取对应图片的 XML 标注文件，能够快速获取该图片的矩形框位置大小和标签属性，以抓取矩形框内图像内容进行学习[1]。

LabelImg 工具下载地址：https://github.com/tzutalin/labelImg。

1. LabelImg 标框标注工具的安装运行方法

LabelImg 安装方法：在 Python 3.9 的安装目录下，输入 pip install labelimg 等待安装即可，如图 7-72 所示。

图 7-72　labelImg 安装

运行 LabelImg 标框标注工具有两种方法，第一种方法是找到 labelImg.py 文件，并鼠标右击选择 Edit with Notepad++，如图 7-73 所示。

图 7-73　右击编辑 labelImg.py 文件

labelImg.py 文件内容如图 7-74 所示。

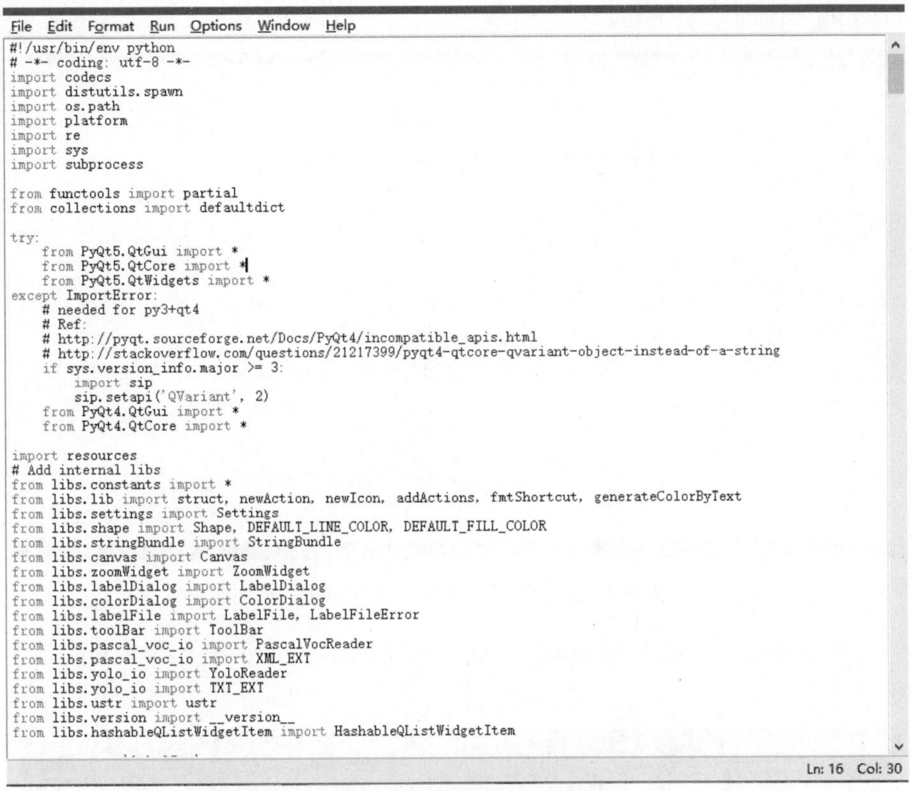


```
#!/usr/bin/env python
# -*- coding: utf-8 -*-
import codecs
import distutils.spawn
import os.path
import platform
import re
import sys
import subprocess

from functools import partial
from collections import defaultdict

try:
    from PyQt5.QtGui import *
    from PyQt5.QtCore import *
    from PyQt5.QtWidgets import *
except ImportError:
    # needed for py3+qt4
    # Ref:
    # http://pyqt.sourceforge.net/Docs/PyQt4/incompatible_apis.html
    # http://stackoverflow.com/questions/21217399/pyqt4-qtcore-qvariant-object-instead-of-a-string
    if sys.version_info.major >= 3:
        import sip
        sip.setapi('QVariant', 2)
    from PyQt4.QtGui import *
    from PyQt4.QtCore import *

import resources
# Add internal libs
from libs.constants import *
from libs.lib import struct, newAction, newIcon, addActions, fmtShortcut, generateColorByText
from libs.settings import Settings
from libs.shape import Shape, DEFAULT_LINE_COLOR, DEFAULT_FILL_COLOR
from libs.stringBundle import StringBundle
from libs.canvas import Canvas
from libs.zoomWidget import ZoomWidget
from libs.labelDialog import LabelDialog
from libs.colorDialog import ColorDialog
from libs.labelFile import LabelFile, LabelFileError
from libs.toolBar import ToolBar
from libs.pascal_voc_io import PascalVocReader
from libs.pascal_voc_io import XML_EXT
from libs.yolo_io import YoloReader
from libs.yolo_io import TXT_EXT
from libs.ustr import ustr
from libs.version import __version__
from libs.hashableQListWidgetItem import HashableQListWidgetItem
```

图 7-74　labelImg.py 文件内容

按 F5 键，运行 labelImg.py 文件，弹出运行界面以及 LabelImg 标框标注工具操作界面，如图 7-75 所示。

图 7-75　LabelImg 标框标注工具操作界面

LabelImg 标框标注工具的第二种运行方法比较简单，Shift+右击 labelImg-master 文件夹空白处，选择"在此处打开命令窗口"，如图 7-76 所示。

图 7-76　labelImg-master 文件夹中 Shift+右击空白处

在命令窗口中输入 labelimg，如图 7-77 所示，直接运行 LabelImg 标框标注工具。

图 7-77　命令窗口输入 labelimg

2. LabelImg 标框标注工具常用区域及快捷键介绍

LabelImg 标框标注工具操作界面的左侧区域按钮中文对照表，如图 7-78 所示。

LabelImg 标框标注工具右侧区域如图 7-79 所示，Box Labels 是标框列表，File List 是文件夹中图片列表。

选择 Box Labels 中的标框，单击 Edit Label 可以对标框的名称进行修改，如图 7-80 所示。

图 7-78 LabelImg 标框标注工具左侧区域按钮中文对照表

图 7-79 LabelImg 标框标注工具操作界面右侧区域

图 7-80 标框名称修改

在 LabelImg 标框标注工具中，标框的属性需要通过修改文件内容进行修改。标框属性的修改工具是 Notepad++。

Notepad++的下载地址：https://notepad-plus-plus.org/。

打开 labelImg-master 文件夹中的 data 文件夹，右击 predefined_classes.txt 文件，如图 7-81 所示。选择 Edit with Notepad++，打开 Notepad++程序，如图 7-82 所示。

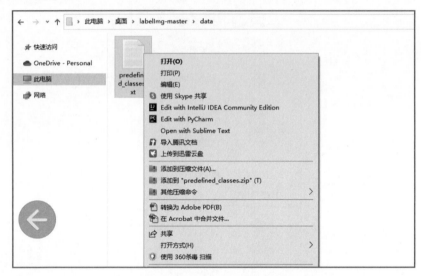

图 7-81　data 文件夹右击 predefined_classes.txt 文件

图 7-82　Notepad++编辑 predefined_classes.txt 文件

编辑完成后保存，这样就完成了对标框属性的修改，在 LabelImg 标框标注工具中可以使用新的标框属性对标框进行编辑。

为了熟练掌握 LabelImg 标框标注工具，对快捷键的掌握也是非常有必要的，LabelImg 标框标注工具的快捷键信息，如图 7-83 所示。

快捷键	注释
Ctrl + U	加载目录中的所有图像，鼠标点击Open dir同功能
Ctrl + R	更改默认注释目标目录（xml文件保存的地址）
Ctrl + S	保存
Ctrl + D	复制当前标签和矩形框
Space	将当前图像标记为已验证
W	创建一个矩形框
D	下一张图片
A	上一张图片
Del	删除选定的矩形框
Ctrl++	放大
Ctrl--	缩小
↑→↓←	键盘箭头移动选定的矩形框

图 7-83 LabelImg 标框标注工具快捷键说明

3. LabelImg 标框标注工具的使用方法

打开 LabelImg 标框标注工具，选择 Open dir 打开图片文件夹，选中其中一张带有人脸的图片，单击"打开"按钮，如图 7-84 所示。

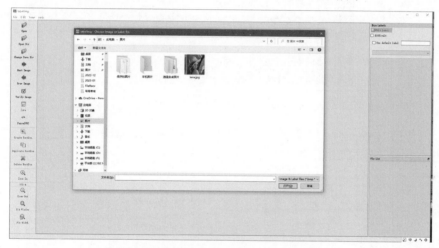

图 7-84 LabelImg 标框标注工具打开图片

选择 Create RectBox 创建标框，对人脸进行标框标注，如图 7-85 所示。

图 7-85 对人脸进行标框标注

标注好的图像，单击 Save 进行保存，保存格式为 XML 文件，名称需要与标注图片保持一致，如图 7-86 所示。如果需要修改 XML 文件保存的默认路径，可以使用快捷键 Ctrl+R，改为自定义位置，但路径不能包含中文，否则无法保存。

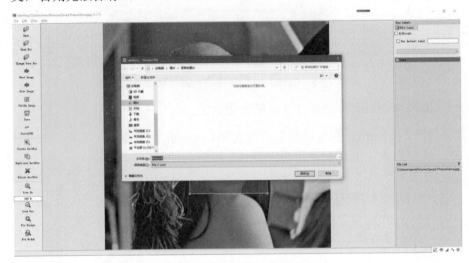

图 7-86　标框标注文件的保存

使用 Notepad++打开 XML 文件可以看到图像中标框的位置信息，如图 7-87 所示。

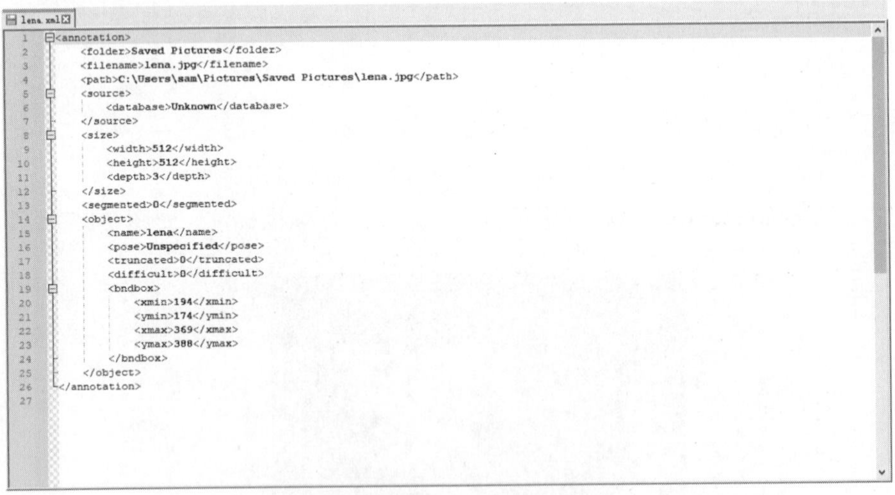

图 7-87　XML 文件标框位置信息

7.2.3　Labelme 多边形区域标注工具安装与使用方法

Labelme 是一款多边形区域标注工具，可以用来标注不同形状的内容，通过点选标注物转折位置产生闭合的多边形区域，并定义区域标签属性，最终得到含有多层区域标注信息和位图信息的 JSON 文件，通过解析 JSON

文件获得可以被机器用来学习的内容[2]。

Labelme 工具下载地址：https://github.com/wkentaro/labelme。

Labelme 下载后需要进行安装，才能够运行使用。打开文件夹 labelme-master，如图 7-88 所示，Shift+右击文件夹空白处，选择"在此处打开命令窗口"。

图 7-88　labelme-master 文件夹

在命令窗口中输入 pip install labelme，执行 Labelme 安装程序，如图 7-89 所示，等待 Labelme 安装完毕。

图 7-89　Labelme 安装界面

Labelme 安装完成后，在命令窗口中输入 labelme，如图 7-90 所示，启动 Labelme 多边形区域标注工具，Labelme 多边形区域标注工具界面如图 7-91 所示。

图 7-90　命令窗口输入 labelme

图 7-91　Labelme 多边形区域标注工具操作界面

Labelme 多边形区域标注工具操作界面左侧区域按钮中文对照表如图 7-92 所示，右侧区域如图 7-93 所示。

图 7-92　Labelme 多边形区域标注工具左侧区域按钮中文对照表

图 7-93 Labelme 多边形区域标注工具操作界面右侧区域

当图片标注完成后选择保存为 JSON 文件，如图 7-94 所示。

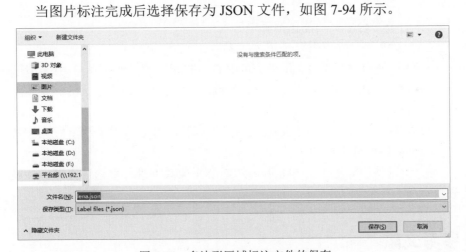

图 7-94 多边形区域标注文件的保存

在 JSON 文件所在文件夹内，Shift+右击文件夹空白处，选择"在此处打开命令窗口"，在命令窗口中输入"labelme_json_to_dataset <文件名>.json"，如图 7-95 所示。

图 7-95 执行 JSON 文件命令

命令执行完后得到 JSON 文件的文件夹，文件夹内容如图 7-96 所示。

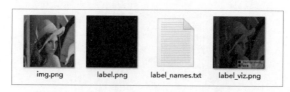

图 7-96　JSON 文件夹内容

JSON 文件与原文件对比如图 7-97 所示。

图 7-97　JSON 文件与原文件对比

7.3　作业与练习

1. 竹节平台主要功能包括哪些？
2. AIDP 平台提供哪几种标注工具？
3. 注册使用竹节平台，并在学习中心完成新人学习课程和自由练习题。
4. 尝试运用 AIDP 平台进行语音标注、图片标注、点云标注、文本标注、组合标注。
5. 尝试使用标注工具 LabelImg 对车辆图片、医疗影像图片、行人图片进行标框标注及分类标注。
6. 尝试使用标注工具 Labelme 对遥感影像数据进行多边形区域标注及分类标注。

参考文献

[1] github.labelImg[DB/OL]. [2022-08-20]. https://github.com/heartexlabs/labelImg.

[2] github.labelme[DB/OL]. [2022-08-22]. https://github.com/wkentaro/labelme.

第 8 章

数据标注实战

8.1 语音类–方言 ASR 项目数据标注案例

8.1.1 项目需求

对听到的目标方言的音频内容进行有效区间的截取和文字转写,实现目标方言视频分流和违禁用语识别,为视频内容审核模型提供训练数据。

8.1.2 标注界面及功能说明

如图 8-1 所示,标注界面主要由 4 个重要部分组成,分别是波形图、截取操作键、音频类别和文本框。

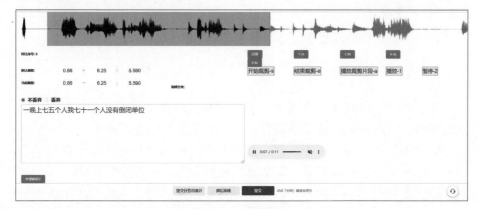

图 8-1 标注界面

1. 波形图

标注界面的波形图部分如图 8-2 所示。

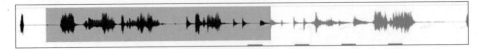

图 8-2 波形图

作用：① 截取；② 快速精确定位播放位置；③ 浅灰色波形图范围是原始截取信息；④ 浅蓝色范围是实时截取信息。

2. 截取操作键

截取方式：可通过单击"开始裁剪-s"和"结束裁剪-e"（或者按对应的快捷键）选定截取区间，然后单击"播放裁剪片段-a"（或者使用快捷键A），此时区间内的语音将自动播放，表示截取完成。如果想要重复播放实时截取语音，可以按 A 键，或者单击"播放裁剪片段-a"。将鼠标移动到实时截取区间的某一端（即浅蓝色范围的端点），鼠标变成←‖→时，左右拉动，可改变截取区间范围。

注意：截取后要确认一下语音和文本是否对应，所有截取动作只有在原始截取区间内操作才生效。

其他按键说明如下。

- ❏ 快捷键提示：鼠标移动到该键处会自动显示本后台的各个快捷键。
- ❏ 上一页：返回上一条语音，返回后可以看到修改过的内容。
- ❏ 押后审核：单击该键，本条语音将返回数据池进行重新分配。
- ❏ 提交：每条语音修改完成后，要单击提交保存。

3. 音频类别

主要为两个类别：不丢弃、丢弃。

4. 文本框

打开一条语音，需要在文本框内根据语音内容写出对应文字。

8.1.3 音频分类说明

第一步：音频默认类别为不丢弃，但存在机器分类不准的情况，在标注过程中，需判断每一条音频是否符合不丢弃分类标准。判断标准如下。

- ❏ 不丢弃：可听清的人声，包含对话、和主播说话声未重叠的背景说话声，婴儿咿呀；多个语气词的重复，例如嘀哩嘀哩。
- ❏ 丢弃：听不清的人声和无法标注的人声，例如太过嘈杂的人声、非目标方言的人声、全是同一个语气词的唱歌声。

第二步：对每一个分类为不丢弃的音频进行标注，若可以标注，在文本框标注文字，提交；若不能标注，将音频类别改为"丢弃"，文本框内容不需修改，直接提交。

8.1.4 音频裁剪说明

（1）严格要求截取段中目标方言比例大于70%：此处比例是指转写的字数占比，其中英文单词以词计数（若选择缩写"ABO"，则记为1个字；若分开写"A""B""O"，则计为3个字）。

（2）截取音频时长不得低于2s。

特殊情况：当 1.5s＜截取段中所含有效语音时长＜2s 时，前后可以少许留白（空白/暂停段）以使截取音频总时长达到2s；如果有效部分前后存在噪音则全部丢弃。

（3）在剪切音频时，不需考虑句子的完整性。

（4）句中听不清楚的部分，如果不知道转写应使用的字词，请剪切掉，保留音频中清晰的部分。

（5）截取段中有效语音前后留白部分均不得大于0.5s。

（6）对留白部分噪音的限制。

① 清晰的人声噪（能听清内容的背景说话声、背景歌声和无法转写的人类怪叫声等）不能容忍，必须截掉。

② 听不清的人声噪（听不清内容的背景说话声、背景歌声）可以视作背噪，保留。

③ 非人声噪对音量不做限制，前提是不得影响有效内容。

（7）当音频内容是中间带有留白的对话时，无须删除留白部分，可以将此部分保留在音频中。进行转录时，可以跳过此留白部分。例如，"语音1+留白+语音2"，则转写：语音1+语音2。（重叠语音不适合此操作）

注：对句中留白的时长不做限制，对留白部分噪音的限制同上一条。

（8）针对重叠语音（两个或两个以上发言者同时讲话），有以下5种处理方式。

① 如果整个音频是两个或多个扬声器同时在谈论不同的话题，请丢弃整个音频。

② 如果音频的一部分中有两个或多个扬声器正在同时谈论不同的话题，请剪切掉该部分，保留其余部分并进行转录。

③ 如果两位或更多位发言者同时说相同的单词，并且单词听起来清晰，则需要截取并转写该部分。

④ 如果两个或两个以上的发言者没有同时讲话，则应将音频视为普通的语音案例进行转写。

⑤ 如果在小组对话中有一个主要声音，其他人声听不清说话内容，并

且主讲话者的语音清晰度不会受到其他声音的影响，则抄录主要声音，并将其他声音当作背景声音或噪音。

（9）对于音乐、旋律、歌曲、戏曲、动物或自然声音。有 3 种方法可以处理不同的情况。

① 如果整个音频是一首乐曲或非人类声音，例如音乐、旋律、动物和自然的声音等，请丢弃此音频。

② 如果背景声音是一首带有歌词的歌曲，只保留清晰的人声部分，如果难以切出音频，则丢弃整个音频。如果主说话人说话时，背景歌声听不清歌词内容且音量不影响主讲话者语音的清晰度，请抄录主讲话者的语音，并忽略背景声音。

③ 如果背景音乐是没有歌词的纯音乐，请保留人声部分并转录整个音频。

（10）对于嘈杂或不清楚的部分，有 3 种方法可以处理不同的情况。

① 如果整个音频中都杂有噪音，请丢弃。

② 如果噪音影响内容，并且是整个音频的一部分，切掉噪音部分并转录其他内容。

③ 如果噪音对主扬声器的语音没有影响，您可以清晰地听到语音，保留并转录。它与上面所说的规则相同。

（11）所选语音的开头或结尾最多保留两个拟声词，如果有很多，则需要将长的拟声词部分切短。例如，语音开始时有一段笑声（大约 10 个 "ha"），保留其中一部分音频（大约 2 个 "ha ha"）。

8.1.5 文字标准执行细则

1. 单字重复（见表 8-1）

表 8-1 单字重复执行细则

发音人	词性	单字重复位置	转写要求	举例
单人	拟声词	句首或句尾	最多保留 2 字音频，并转写 2 字文本	原音频：哈哈哈哈哈你好可爱哈哈哈哈 截取音频：哈哈你好可爱哈哈 转写：哈哈你好可爱哈哈
		句中	最多转写 3 字文本	原音频：你好可爱哈哈哈哈哈你好可爱 截取音频：你好可爱哈哈哈你好可爱 转写：你好可爱哈哈哈你好可爱
单人（仅目标方言）	非拟声词	句中任一位置	出现几次转写几次	原音频：对对对对你说的都对对对对你说的都对对对对 截取音频：对对对对你说的都对对对对你说的都对对对对 转写：对对对对你说的都对对对对你说的都对对对对

续表

发音人	词性	单字重复位置	转写要求	举例
多人不重叠	拟声词	句首或句尾	每人最多保留2字音频，并转写2字文本	原音频：哈哈哈哈哈哈哈哈你好可爱哈哈哈 截取音频：哈哈你好可爱哈哈 转写：哈哈你好可爱哈哈
		句中	每人最多转写3字文本	原音频：你好可爱哈哈哈哈哈哈哈哈你好可爱哈哈哈哈 截取音频：你好可爱哈哈哈哈哈哈你好可爱哈哈 转写：你好可爱哈哈哈哈哈哈你好可爱哈哈

注：在转写时，除了"duang""biu"等无法用汉字转写的拟声词，其余单字均不允许使用拼音代替。

2. 公司名、人名、地名

（1）若公司名、人名和地名不知其准确对应的文字，只要标注的文字与语音相对应即可（如果一段语音中出现两次，前后需要保持一致），比如听到"zeng1 hun4 san1"可以在"张雄心/张红深/章雄心"…等同音的写法中任选一个。

（2）若公司、名人、名地明显，如"今日头条""孙中山""巨量引擎"等，需准确标注。小众的专有名词、非人尽皆知的网络用语等，音译正确不判错，质检员需修改为正确写法后判对。

3. 数字

电话号码、普通数字、手机型号、车型名、网址、邮箱统一写成汉字，比如四 s 店、m 一六、a 四、vivo x 十一、二 g、www.bytedance.com 需要标注成三 w 点 bytedance 点 com。

4. 口音或方言

（1）h/f 不分、平翘舌不分并且可以听懂的，需标注正确音节的字。

（2）若掺杂部分普通话和英语单词且目标方言占比 70% 以上的，正常标注；若不包含目标方言，直接丢弃。

（3）若为搞笑视频，可根据网上流行的段子音译标注，如"大西纸、小脑斧、大海腾"。

（4）在无法判断具体语境的情况下，如果有比较合理的目标方言同音字词转写方案且不违反语法，优先选择整句话都作为目标方言理解。

5. 笑声或大量重复音

（1）特效笑声、正常笑声可标注，写成哈哈哈。

（2）笑声和说话声重叠，一律按重叠音规则处理。

（3）笑到没有声音，切掉不标注。

（4）重复音是指由同一个人发出的同一字音。

（5）音频中间一个字音重复多次，至少标注 3 个，如果标注结果是两个"哈哈"，质检不判错，修改成 3 个"哈哈哈"。

（6）音频开头和结尾出现一个字音重复多次的情况时，根据截取标准中的要求，截取保留并转写 2 个。

（7）若同一字音由多个对象发出则分别进行转写。例如，音频中间一段"你你你你你你你你"，A 说了前 4 个"你"，B 说了后 4 个"你"，则最终转写 6 个"你"（根据上文规则计 A3 个+B3 个）。

（8）重复的词组正常截取和转写，听到几个写几个。

6. 背景音

若背景音可听清且与主事件未重叠，需要标注。

7. 英语单词

（1）大小写都可以。

（2）纯英文丢弃；中英混合且方言占比大于 70% 的进行转写。

（3）若汉语中夹杂英语单词或字母，英文与汉字之间必须加空格。

（4）字母与字母之间的空格：如果是常见的英文字母的组合，字母间不加空格，如 NBA、DNF、DNA、VS 等；不常见的，需要在字母中间加空格。不确定的也加空格。

8. 半音

半音主要是指音频开头和结尾因截取等问题剩下的半个字音。半音不标注，为避免争议一定要剪切干净。

9. 模糊音

模糊音主要是指音频中连读、弱读导致听不清的问题。

（1）模糊音在开头和结尾：为避免争议最好截掉，不截掉的话必须转写成语义和读音都正确的字词。

（2）模糊音在音频中间：建议标注"！"，其中需要注意以下方面。

① 句意明确时：需转写语义和读音都正确的字词。

❑ 模糊音情况下，缺字违反语法或影响句意的，尽量转写出来。注：如果音频中确实没有相关字音的（不属于模糊音），不必补写，优先以听感为准。

❑ 当语义和读音产生细微冲突时，优先选择符合语义的字词。

② 句意不明确时：需转写读音准确且能使句意通顺的字词。

10. 标点/空格

转写过程中不要根据说话人语气停顿自行添加标点、空格，仅转写内容即可。

8.2 语音类–客服录音项目数据标注案例

生活中，语音标注最典型的应用是客服录音的数据标注。客服录音数据标注是有着严格的质量要求的，具体标准就是文字错误率和其他错误率。文字错误率，是指语音内容方面的标注错误，只要有一个字错，该条语音就算错，一般要控制在3%以内；其他错误率，是指除了语音内容以外的其他标注项错误，只要有一项错，该条语音也算错，一般应控制在5%以内。想要达到客服录音数据标注规范，具体可以从以下6个方面入手。

8.2.1 确定是否包含有效语音

无效语音，是指不包含有效语音的类型。例如，由于某些问题导致的文件无法播放；音频全部是静音或者噪音；语音不是普通话，而是方言，并且方言很重，造成听不清或听不懂的问题；两个人谈话，谈话内容超过3个字（包括3个字）并且听不清楚内容的或者噪音盖住说话人声大于3个字（包括3个字）导致听不清楚内容的；音频中无人说话，只有背景噪音或音乐；音频背景噪音过大，影响说话内容识别；语音音量过小或发音模糊，无法确定语音内容；语音只有"嗯""啊""呃"的语气词，无实际语义的……

8.2.2 确定语音的噪音情况

常见噪音包括但不限于主体人物以外其他人的说话声、咳嗽声，雨声、动物叫声、背景音乐声、汽车滴答声、明显的电流声也包括在内。如果能听到明显的噪音，则选择"含噪音"，听不到，则选择"安静"。

8.2.3 确定说话人数量

确定说话人数量，即标注出语音内容是由几个人说出的。因为此处讲的是客服录音，所以一般都是两个人的说话声。

8.2.4 确定说话人性别

如果在该语音中，有多个人说话，则标注出第一个说话人的性别。

8.2.5 确定是否包含口音

在语音标注过程中，如果有多个人说话，标记出第一个说话的人是否有口音。"否"则代表无口音，"是"则代表有口音。常见有口音的有，h 和 f 不分、l 和 n 不分、n 和 ing 不分、e 和 uo 不分，以及分不清前后鼻音、平翘舌等情况。

8.2.6 语音内容方面

假如两个人同时说话，则以声音较大的主体说话人来转写文字。假如一条语音中，有两个人同时说出了低于 3 个字的话，并听不清楚的，将听不清的部分用"[d]"表示。假如一条语音中，低于 3 个字的部分噪音太大，盖住说话人的声音导致听不清的，将听不清的部分用"[n]"表示。

另外，文字转写也有一些具体要求，如下。

（1）文本转写结果需要用汉字表示，常用词语要保证汉字正确，如果遇到不确定的字，比如人名中的汉字，这时可以采用常见的同音字表示，如"陈红/陈宏"，都是可以的。

（2）转写内容需要与实际发音内容完全一致，不允许出现修改与删减的问题，即使发音中出现了重复或者不通顺等问题，也要根据发音内容给出准确的对应文本。如发音为"我我好热"，"我"出现了重复，则依然转写为"我我好热"。

然而对于因为口音或个人习惯造成的某些汉字发音改变，则需要按照原内容改写。如由于口音，某些音发不清楚，音量读成了"yin1 niang4"，则仍然标注为"音量"，不能标注为"音酿"；对于会有人习惯性读错的某些汉字，如"教室"读成"jiao4 shi3"，则需要标注为"教室"，不能标注为"教使"。

（3）遇到网络用语，如实际发音为"孩纸""灰常""童鞋"，则应该根据发音标注为"孩纸""灰常""童鞋"，不能标注为"孩子""非常""同学"。

（4）转写时对于语音中正常的停顿，可以标注常规的标点符号（如逗号、句号、感叹号），详细标注规则可以根据实际情况自行判断，不做强制要求。

（5）遇到数字，根据数字具体的读法标注为汉字形式，不能出现阿拉伯数字形式的标注。如"321"，允许的标注为"三二一""三二幺""三百二十一"等，禁止标注为"321"。

（6）对于儿化音，根据音频中说话人的实际发音情况进行标注。如"玩"，读出了儿化音则标注为"玩儿"，没有读出儿化音则标注为"玩"。

（7）对于说话人清楚讲出的语气词，如"啊""嗯""哎"等，需要根据其真实发音进行转写。

（8）关于语音中夹杂英文的情况，要按以下方式进行处理。

① 如果英文的实际发音为每个字母的拼读形式，则以大写字母形式去标注每一个拼出的字母，字母之间加空格，如"ＷＴＯ""ＣＣＴＶ"等。

② 假如出现的是英文单词或短语，对于常用的专有词汇，在可以准确确定英文内容的情况下，可以以小写字母的形式标注每个单词，单词与单词之间以空格分割，如"gmail dot com"。本案例中的标注工作主要针对中文普通话，因此除了一些常见的专有词汇，如网址、品牌名称外，其他英文词汇直接抛弃即可。

8.3 图片类–OCR 数据标注案例

8.3.1 框选规则

（1）目标选取时一行一框，可根据语意，灵活选取横向、竖向和倾斜的方式，将文本按照四边形的画法框选，如图 8-3 所示。

错误示范　　　　　　　　　正确示范

图 8-3　目标框选示范

（2）贴合文本拉框（适用于斜文本），超出部分宽高均小于等于单个字符宽高的 1/3（可适当放宽尺度，太过分则判错）。

（3）非目标语种需舍弃，如日、韩、阿拉伯语等小语种；通用标点符号单独成行，必须舍弃。

（4）画面中出现的中英文、数字、非单独成行的标点符号都需要框选标注。

（5）整体横向排列、整体旋转一定角度排列的文本，均正常框选（注意倒转和镜像的差别），中间嵌套竖向文本时，可拉通转写横向文本，中间完整的竖向文本需要用其他框框选。

（6）文字竖向排列时，可将拼音、单词、数据看作一个字符整体（不包括符号），如图 8-4 所示。

图 8-4　竖向文字

（7）文字倾斜排列时，必须结合语意倾斜贴合框选标注，如图 8-5 所示。

（8）对于错行文字不得框选在同一画框中的（违背"一行一框"原则），

需根据语义和图片实际排版寻求最优解，如图8-6所示。

图8-5　倾斜文字示例

图8-6　错行文字示例

（9）对于被遮挡文字，被遮挡处距离未达到3个（即<3）个字符时，未被遮挡的部分必须整行一起框选；被遮挡处距离达到3个（≥3）个字符时，未被遮挡的部分必须分框，如图8-7所示。

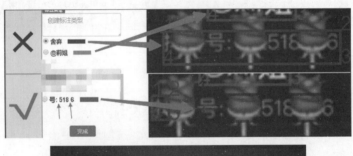

图8-7　遮挡字示例

（10）对于残缺文字，采取以下规则。

① 剩余部分≥1/2，且人为客观可识别的文字正常框选。

② 剩余部分≥1/2，但人为客观无法识别的文字或一些简单的文字，少了一横、一竖、一撇或者截断文字有歧义必须舍弃，如图8-8所示。

③ 剩余部分<1/2，且文字很小，舍弃框难画时，可不处理（不判错），如图8-9所示。

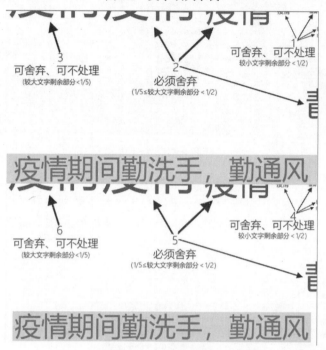

图 8-8 文字缺失示例

图 8-9 文字缺失示例

④ 剩余部分<1/2，但文字较大，可识别是文字时，必须舍弃。

⑤ 剩余部分<1/5 的较大文字，可不处理。

（11）对于弧形文字，采取以下规则。

① 如果文字排序不规则（如环文字）无法进行标注框选，将文本全部框进舍弃框内，图 8-10（a）和图 8-10（b）必须舍弃。

② 类似图 8-10（c）一类环形中间有可转写文字，不得整体舍弃；需框选标注中间文字，外围文字可分多个舍弃框进行舍弃。

（a）

（b）

（c）

图 8-10 弧形文字

（12）表情包单独出现在文本中时，不做处理。句中表情包连同句子一起框选，句尾句末表情包不框选，如图8-11所示。

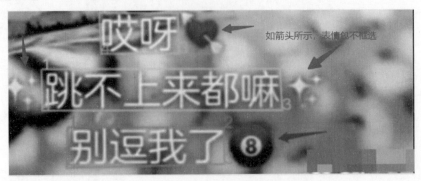

图8-11　表情包

（13）分开框选情况。

① 一行中一个字的大小≥其他字的3倍时，必须要分开框选标注，注意是以相邻的字体大小为参照，如相邻字不满足该条件不需要分开框选，如图8-12所示。

图8-12　分开框选示例

② 字符中间间隔≥2个字符时，要分开框选标注。

字符宽/高度参照标准：纯中文文本以满足同框条件的最宽/高文字作为参照标准；纯英文（或拼音）文本要将一个完整的拼音/单词视为一个字符，以最长的字符为参照；中英混合文本以满足同框条件的最宽/高中文字符作为参照标准；数字和汉字在一起时，以汉字为间隔参照。

③ 中间有空格或者有表情包隔开的独立词语，分框不影响语意时，可以分开框选。

④ 单元格有语义的以语义优先一起框选，没有语义的（且无2倍差无3字间距）可以一起框选，也可以分开框选，如图8-13所示。

图8-13　语义优先示例

8.3.2 文字转写规则

(1) 模糊不清的文本需要舍弃（模糊字体不要联想上下文去看）；正常文本中模糊字变形字连续出现 3 个（即>3 个），则整行舍弃；正常文本中间出现的 1 个（连续 2 个或连续 3 个）模糊变形字体，均只用一个空格代替。

(2) 若框选文字存在被完全或大部分遮挡的情况，未被遮挡字需要转写，遮挡处空格代替，不能整行舍弃。

(3) 左右/上下结构的文字，存在遮盖情况转写规则（见图 8-14）。

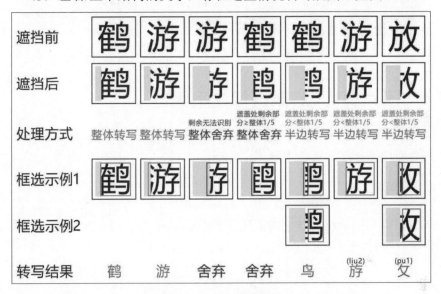

图 8-14 文字遮挡示例

① 存在遮盖，但不影响整字识别，必须整字转写。

② 存在遮盖，影响整字识别，未被遮盖的部分不能识别为一个字时，必须整字舍弃。

③ 存在遮盖，影响整字识别，未被遮盖的部分能识别为一个字，但被遮盖的部分≥1/5 时，必须整字舍弃。

④ 存在遮盖，影响整字识别，未被遮盖的部分能识别为一个字，且被遮盖的部分<1/5 时，必须转写该半文字，剩余部分可舍弃。

(4) 整体横向排列、整体旋转一定角度排列的文字以及镜像文字按照语义正常转写，例如图 8-15 中所示的文字。

(5) 句中的表情包用空格代替。

(6) 框选文本有语意时转写的文本需考虑其语义或阅读顺序；框选文本无语意时，按照阅读顺序——横向文本-从左至右、竖向文本-从上至下、倾斜文本-从上至下的顺序转写。

(7) 输入法造成的错别字，按照原样转写，如图 8-16 所示；人工手写造成的错别字，按照更正后的文字进行标注，如图 8-17 所示。

图 8-15　转写结果：绝不会让，你我各守一边

图 8-16　转写结果：【爹打损伤】——跌打红花油　　图 8-17　转写结果：眨下眼

8.4　图片类–人脸数据标注案例

人脸数据的标注主要分为人脸位置标框标注与特征点位描点标注，下面将会对两种标注的实战内容进行介绍。

8.4.1　标框标注

人脸数据的标框标注主要是用来训练机器学习识别人脸位置，进行人脸位置标框标注需要使用到标注工具 LabelImg。

打开 LabelImg 标框标注工具，打开包含一张人脸的图片，如图 8-18 所示。

图 8-18　LabelImg 标注工具打开图片

选择图像中的人脸进行标框标注，如图 8-19 所示。

放大图片，检查标框是否与人脸边缘贴合，如图 8-20 所示，对不贴合的标框边缘进行调整。

图 8-19　对人脸图像进行标框标注

图 8-20　调整人脸标框边缘

保存完成标注的 XML 文件，如图 8-21 所示。

图 8-21　保存完成标注的 XML 文件

8.4.2 描点标注

人脸特征点描点标注主要应用于更深层次的人脸识别算法,随着人脸识别算法的不断精进,特征点位从最原始的 29 个点到后来的 68 个点,现在比较主流的人脸标注需要标注 186 个点,部分算法更是突破到了需要进行 270 个点的标注。这里将对比较主流的 186 个特征点位进行介绍。

人脸特征点 186 点位描点标注图总览,如图 8-22 所示。

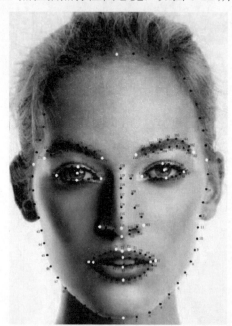

图 8-22 人脸特征点 186 点位描点标注图总览

其中 32 个基准点,已用白色圆点显示,154 个普通点,用黑色圆点表示,下面将对关键点进行介绍。

1. 脸颊轮廓点

如图 8-22 所示,点 1 是下巴最底部位置,人脸轮廓的最低处,大致与嘴巴、鼻梁视觉中心保持在同一条直线上,即 1、60、83、91、73、102、114~120、27 保持在同一条直线上。

点 16 和点 38 是耳朵与脸部接触部分的最高点,即发际线开始的地方,两点呈垂直对称。

点 2~15 是点 1 和点 16 之间的等分点;点 39~52 是点 1 和点 38 之间的等分点。

2. 发际线轮廓点

如图 8-22 所示,发际线轮廓点是发际线起始区域与额头皮肤的边界点,即点 16 与点 38。

点 27 是发际线的中心点，水平位置为视觉最高处，垂直位置为视觉中心处，一般与鼻梁中心点以及脸颊最低点（点 1）位于同一个垂直区域内。

点 17～26 是点 16 和点 27 之间的等分点，点 28～37 是点 27 和点 38 之间的等分点。

3. 嘴唇轮廓点

如图 8-23 所示，点 53 和点 67 为外嘴唇左右边界点。

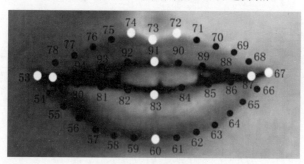

图 8-23　嘴唇特征点

点 73 和点 60 是外嘴唇上下轮廓视觉中心点，其中点 73 是人中位置与嘴唇交接的最低处，点 60 是嘴唇下轮廓的中心处。

点 72 和点 74 是嘴唇轮廓上下起伏的局部极大值点，呈对称状，一般来说可以从嘴唇的轮廓转折处分辨。

点 79 和点 87 是内嘴唇的边界点，呈对称状。对于嘴张开情况，该点位置很明确，对于嘴闭合的情况这两点位置需要预估判断。

点 83 和点 91 是内嘴唇上下轮廓视觉中心点。

其余标注点均为两个相邻基准点之间的等分点。

4. 鼻子轮廓点

如图 8-24 所示，点 95 和点 109 是鼻子的起始点，呈对称状。大致位于内眼角附近，但因角度或者个人特征不同会存在一定差异。

点 99 和点 105 分别是鼻翼两边与脸部接触部分突出的转角点，呈对称状。

点 102 是鼻子下轮廓边缘中心最低点，点 100 与点 101 是点 99 和点 102 之间鼻孔下边缘的等分点，点 112 与点 113

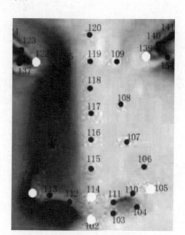

图 8-24　鼻子特征点

是点 99 和点 102 之间鼻孔上边缘的等分点。同理，点 103 与点 104 是点 102

和点 105 之间鼻孔下边缘的等分点，点 110 与点 111 是点 102 和点 105 之间鼻孔上边缘的等分点。

点 114 是鼻尖最高点，点 120 是鼻梁起始点，点 115～119 是点 114 与点 120 之间的等分点。

5．眼睛轮廓点

对眼睛特征点的介绍将以左眼为例，右眼同理。

如图 8-25 所示，点 121 是眼睛瞳孔位置的几何中心点，即黑眼珠的中心点。

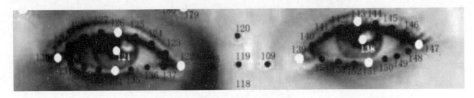

图 8-25　眼睛特征点

点 122 和点 130 分别是内外眼角边界点。

点 126 和点 134 是眼睛上下边界的视觉中心点，并不是几何中心，假设人脸朝向偏右，则这两点就会向右发生偏移，相对朝向的分布点就会很密集。

其余标注点为眼睛上下边界两个相邻基准点之间的等分点。

6．眉毛轮廓点

对眉毛特征点的介绍将以左侧眉毛为例，右侧眉毛同理。

如图 8-26 所示，点 171 和点 179 是眉毛左侧起始点和右侧消失点，其余标注点均为眉毛上下轮廓的等分点。

图 8-26　眉毛特征点

8.5　无人驾驶 2D 图像标注案例

8.5.1　项目目的

为无人驾驶系统的机器学习提供素材，使其识别现有红绿灯的各种样式，提升车辆对交通灯信号的识别能力，同时结合平面地图信息提高自身定位精准度。

8.5.2 标注内容

交通信号灯（traffic_light）：红绿灯。

计时器（traffic_timer）：显示红绿灯时长的计时器，常见的显示形式包括数字、横线等。

8.5.3 标注界面及操作方法

第一步：登录 AIDP 平台，进入标注任务界面。

第二步：标注本张图片"环境"相关标签，如图 8-27 所示。

图 8-27 标注界面

第三步：调整图片中已有的预标注框大小和位置，保证按要求框住红绿灯和计时器。

第四步：根据当前标框交通灯的属性，选择右侧相应标签（地图标号 ID、深度、yaw 角和类型为预标注的信息，不允许改动），如图 8-28 所示。

图 8-28 选择右侧相应标签

第五步：重复步骤三，直至当前图片所有需标注的交通灯均已标注完成后提交。

8.5.4 标注规则

1．环境标签的选择

环境标签含义：描述每帧图像的环境。

"主环境"类别为白天、夜间，有且唯一。

"副环境"类别为雨天、雪天、雾天、强光，副环境为主环境的补充属性，非必填项，若图片中没有副环境，则选择"无"。

2．拉框标准

1）尽量贴近目标物体实际大小进行标注

不要超出或者小于目标物体实际大小。以±1个像素点的标注误差为标准衡量标注质量。如果图像中红绿灯相互水平，标注框也应保持相互水平，标注框需保持与图像中红绿灯一致的相对位置关系。

对于因为相机因素出现光晕的情况，如果可以分辨灯箱轮廓的，以灯箱轮廓为准进行标注；如果无法看清灯箱，但通过环境可以明确是竖列或横列的红绿灯，则普遍可根据红绿灯类型按照长宽比 1∶1（计时器）、2∶1（人行横道红绿灯）、3∶1（机动车道或非机动车道红绿灯）进行标注；若无法看清灯箱且通过环境也无法分辨红绿灯排列方向，则只标注红绿灯光斑。

2）背向/侧向交通灯的标注规范

背向/侧向交通灯，一般情况下都应该标注，以下情况不标注。

（1）有外凸起灯箱的黑色灯箱露出面积＜灯箱面积×10%。

（2）只有平整黑色灯箱背面且无任何突出灯箱，无任何突出的灯斑光晕，且黑色灯箱露出面积＜灯箱面积×20%。

3）重叠交通灯的标注规范

由于相机观测角度等原因，可能存在图像内交通灯重叠的情况。

针对被遮挡的红绿灯，需注意以下几种情况。

（1）若被遮挡的红绿灯露出面积小于10%，则标注时，其与前景红绿灯共同标注一个红绿灯框，如图8-29（a）所示。

（2）若被遮挡的红绿灯露出面积大于10%，则只标注其露出部分的红绿灯区域，如图8-29（b）所示。

3．交通灯颜色的选择

状态标签含义：描述每帧图像中交通灯的颜色。

类别为红、黄、绿、黑。

（1）显示红色且亮斑位置正确的灯，即显示为红且逻辑上也为红的灯，标为"红"。

 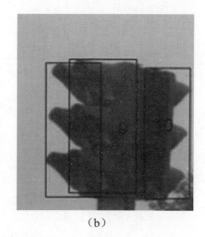

图 8-29　重叠交通灯

（2）显示黄色且亮斑位置正确的灯，即显示为黄且逻辑上也为黄的灯，标为"黄"。

（3）显示绿色且亮斑位置正确的灯，即显示为绿且逻辑上也为绿的灯，标为"绿"。

（4）红绿灯灯斑均不亮的灯，标为"黑"。

（5）因遮挡/观察角度等因素导致无法分辨红绿灯灯斑颜色的灯，标为"黑"。

（6）特殊情况：交通灯在切换状态时可能会在切换瞬间，出现短暂多灯同时亮起的情况。针对此类情况，在标注时按照以下优先级进行状态标注：红＞黄＞绿。如图 8-30 所示，此时红灯与绿灯同时亮起，则按照以上优先级进行标注，即优先级红＞绿，标为红色。

图 8-30　多灯同时亮起的红绿交通灯标注示例图

4．交通灯类型的选择

交通灯类型标签含义：描述每帧图像中的交通灯是红绿灯还是计时器。
类别为交通灯、计时器。

"交通灯"包括机动车道红绿灯、自行车道红绿灯、人行横道红绿灯。

"计时器"包括所有路口显示红绿灯时长的计时器。

5. 计时器数字属性的选择

计时器数字属性标签含义：描述计时器上显示的数字。

（1）若计时器的显示类别为阿拉伯数字，则其属性为该数字。

（2）若显示器的显示类别为横线，则其属性为所看到的横线条数，与该计时器可显示的总条数无关。

（3）红绿灯的计时器数字属性为-1。

（4）计时器数字属性需标注完整准确的数字，如果数字存在截断/遮挡/不确定/不清楚等情况时，标注成-1；具体如图 8-31 所示。

图 8-31　计时器数字存在截断/遮挡/不确定/不清楚等情况

6. 是否为图形化数字的选择

是否为图形化标签含义：描述计时器显示类型为数字型还是非数字型的图形化数字。

如果计数器的显示类型是图形化数字（如横线类的计时器，一条条线从多到少消失那种）选择"是"，反之选择"否"，如图 8-32 所示。

图 8-32　计数器的显示类型为图形化数字

7. 红绿灯图案及箭头的选择

（1）图案。

图案标签含义：描述道路类别。

类别为无图案、行人图案、自行车图案。具体可依次参考图 8-33。

图 8-33　不同图案示例

（2）箭头。

箭头标签含义：描述红绿灯箭头指明的行驶方向。

类别为无方向、直行方向、左转方向、右转方向、左后掉头、右后掉头。具体可依次参考图 8-34。

图 8-34　不同箭头示例

8.6　NLP 数据泛化文本标注案例

8.6.1　标注目的

用于优化汽车驾驶助手的语音交互情况。

8.6.2　标注页面

本案例的标注页面如图 8-35 所示。

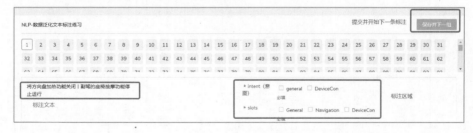

图 8-35　标注页面

8.6.3　标注说明

标注维度：intent 如表 8-2 所示；slot 如表 8-3 所示。标注开始前需熟悉这两个维度。

表 8-2 intent 维度标注规范

领域 Domain	意图 Intent	中文 Chinese	说明 Introduction	举例 Example	标注关键词&结果 Kword & Result	备注 Remarks
General（通用）	Gen_Cancel	取消	取消某个操作	帮我取消、取消这个操作	取消	
	Gen_ConfirmNone	全部否定	表示全部都不是	都不是、都不要、全部都不等		
	Gen_Adjust	调节大小	调节大小，未表明具体范围	高一点、低一点、再大一点、调小一点、调高到××、调高××、轻一点、重一点、快一点、慢一点等		
	Gen_Stop	停止意图	停止正在进行的某个意图或者操作	停止 终端 停止这个命令	停、停止	
	Gen_Exit	退出意图	全局退出，回到初始的车机状态	关闭 再见 退出 ××不需要了、××不需要了等	关、关闭、退出、不用了	
DeviceControl（车控）	Vehicle_OpenWindow	打开车窗	打开车窗	打开前排/后排/主驾/副驾侧/左侧/右侧/全部车窗		
	Vehicle_CloseWindow	关闭车窗	关闭车窗	关闭前排/后排/主驾/副驾侧/左侧/右侧/全部车窗		
	Vehicle_AdjustWindow	调整车窗大小	调整车窗大小 包括调整车窗大小有关的所有操作 包括但不限于设定一个值，设定百分比，调大、调小 注意：天窗是单独目标，不属于车窗	将前排/后排/主驾/副驾侧/左侧/右侧/全部/车窗打开到指定的百分比，打开或关闭部分，一些等		

续表

领 域 Domain	意 图 Intent	中 文 Chinese	说 明 Introduction	举 例 Example	标注关键词&结果 Kword & Result	备 注 Remarks
DeviceControl（车控）	Vehicle_OpenSunroof	打开天窗	打开天窗	打开天窗		
	Vehicle_CloseSunroof	关闭天窗	关闭天窗	关闭天窗		
	Vehicle_OpenSunroofCurtain	打开遮阳帘	打开遮阳帘	收起遮阳帘，不用遮阳帘		
	Vehicle_CloseSunroofCurtain	关闭遮阳帘	关闭遮阳帘	关闭遮阳帘，放下遮阳帘，拉上遮阳帘 太晒了，用遮阳帘 表达用遮阳帘的意思即可		
	Vehicle_AdjustSunroofCurtain	调整遮阳帘大小	调整遮阳帘大小	遮阳帘开一点/一半/一些 遮阳帘打开百分比		
	Vehicle_TurnOnSteerWheelHeating	打开方向盘加热	打开方向盘加热	打开方向盘加热		
	Vehicle_TurnOffSteerWheelHeating	关闭方向盘加热	关闭方向盘加热	关闭方向盘加热		
	Vehicle_OpenSeatMassage	打开座椅按摩	打开座椅按摩	打开座椅按摩打开主驾座椅按摩		
	Vehicle_CloseSeatMassage	关闭座椅按摩	关闭座椅按摩	关闭座椅按摩/关闭全车座椅按摩		

续表

领 域 Domain	意 图 Intent	中 文 Chinese	说 明 Introduction	举 例 Example	标注关键词&结果 Kword & Result	备 注 Remarks
DeviceControl（车控）	Vehicle_TurnOnAC	打开空调	打开空调	打开空调		
	Vehicle_TurnOffAC	关闭空调	关闭空调	关闭空调		
	Vehicle_OpenHeatingSeat	打开座椅加热	打开座椅加热	打开座椅加热 打开前排/主驾（右边）/全部座椅加热 副驾（右边）/全部座椅加热		
	Vehicle_AdjustHeatingSeat	座椅加热调节	"+/-温度：温度调高/调低	前排/主驾（左边）/全部座椅加热调到5档 请把前排升降三档 副驾（右边）/全部座椅加热升降三档 前排/主驾（左边）/副驾（右边）/全部座椅温度调高一点 前排/主驾温度调低一点/全部座椅温度调低一点		
	Vehicle_CloseHeatingSeat	关闭座椅加热	关闭座椅加热	关闭前排/主驾（左边）/全部座椅加热 副驾（右边）/全部座椅加热		
	Vehicle_OpenVentilationSeat	打开座椅通风	打开座椅通风	打开前排/主驾（左边）/全部座椅通风 副驾（右边）/全部座椅通风		
	Vehicle_CloseVentilationSeat	关闭座椅通风	关闭座椅通风	关闭前排/主驾（左边）/全部通风 副驾（右边）/全部通风		

表 8-3 slot 维度标注规范

领域 Domain	词槽 slot	中文 Chinese	说明 Introduction	举例 Example	标注关键词&结果 Kword & Result	备注 Remarks
General（通用）	operation	操作	表示操作指令，造成机器动作变化的动词，如 Nav 下：打开，关闭，定位，导航，提示；Nav 或 Ent 下：切换，换，找找，暂停，重播，播放，收藏等	帮我导航到最多的车位的停车场	导航	
			两个 operation 同时出现	关闭导航	关闭；导航	
				开始导航	开始；导航	
			不包括主观动词，如：我要，我想，帮我，带我过去	我要听听歌		"听"标 operation
				我想听听歌		"听"标 operation
				我要去五道口	不标	"去"为主观不支持自动驾驶功能，还是需要车主自己完成"停"的动作
				在附近的超市停一下	"停"不标	
				来一首歌听听	"来"不标	
				明天是否有高温预警	"预警"不标	"高温预警"是专业名词，不标 operation

续表

领 域 Domain	词 槽 slot	中 文 Chinese	说 明 Introduction	举 例 Example	标注关键词&结果 Kword & Result	备 注 Remarks
General（通用）	preference	倾向	倾向的排序方式，即在排序的结果中选择其中一种结果，可能包括时间，距离，路况等，如最快、最短、最近（距离概念上）、高速、红绿灯较少、通畅。该slot不适用于Ent这个domain			
			注意：否定词也要标入preference，比如"不走高速"中的"不"要标入preference，动词也标入preference，比如"避免/禁止"	规划一条去博泰大厦不堵车的路线	不堵车	
			注意设置路线规划方式时以下说法都属于preference:			
			"堵""时间最短""最短时间""最省时""用时最少""最快""最短路线""最短路""最短距离""最短""习惯路线""偏好路线""不走高速""避免高速""避让高速""避免高速""避让轮渡""避免轮渡""高速优先""少收费""收费少"	走最近的路线	最近	
				避开拥堵路段	避开拥堵；路段	

续表

领域 Domain	词槽 slot	中文 Chinese	说明 Introduction	举例 Example	标注关键词&结果 Kword & Result	备注 Remarks
General （通用）	preference	倾向	在 Nav 下，对于所去或找目的地的限定性描述	地下/地面/地上停车场	地下/地面/地上	
			反例	找一家比较贵的餐厅	比较贵	
				那附近有无临时停车的地方？	无明显倾向不标	
	time_refer	时间代指	跟时间相关的指代，如：现在、刚才、实时、当前、正在、刚刚、上次、近期、半小时前、5分钟前等	上次充电是什么时候	上次	
	time_day	日期	节日、星期、日期以及今天、当天、明天、早上等的表述			
	time_clock	时刻	表示具体的时间点，如6点、18点等	晚上6点有雨吗？	晚上；6点	
	q_word	问题关键词	能表示提问中的重要信息的词汇	正在播放的是第几集？	第几集	
	neg_word	否定词	句子中的否定词成分 否定成分包括：不要、不需要、不	不要打开车窗	不要	
	duration	时长	表示时长及具体时长的短语，例如 nav 下问距五道口20分钟以内的商场，或DC下控制座椅按摩30分钟	距五道口20分钟以内的商场	20分钟以内	

续表

领域 Domain	词槽 slot	中文 Chinese	说明 Introduction	举例 Example	标注关键词&结果 Kword & Result	备注 Remarks
General（通用）	control_condition	控制状态	表示为了控制某一个目标，比如想打开空调，打开冷风；太热了，太冷了等	太黑了，打开远光灯	太黑	
Navigation（导航）	poi	具体位置	地点名、商圈、县或具体地址：博泰大厦，王庄小区，望京，五道口，双清路88号	博泰大厦在哪里	博泰大厦	
Device_Control（车控）	control_target	设备名称	控制的硬件：空调、灯、窗、音响、座椅、屏幕、雨刮器、刹车、轮胎、出风口等	打开阅读灯	阅读灯	
	seat_control_mode	座椅模式	对座椅模式的设置：按摩、加热、通风、睡觉模式（睡眠模式）、休息模式、舒适模式（舒服模式）表达平躺意图的：平躺模式、半躺模式、半躺睡觉模式、放平模式、躺椅模式等	加热座椅	加热	
	window_control_mode	车窗模式	车窗模式设置：透气模式 阳光模式 吸烟模式 通风模式	开启透气模式 我想抽烟，我想通通风	透气模式	
	sunroof_control_mode	天窗模式	天窗模式，包括弹射模式、弹起、翘起模式			
	control_position	控制的位置	表示控制实体的位置：前排 第一排 第二排 第三排 后排 左右 前 后 中间排 副驾驶位 所有 全部位置或表明指代全车的用语等（注意：车内，车里，车外等不是control_position）	打开/关闭方向盘 副驾驶位的车窗	副驾驶位	
	sw_control_mode	方向盘加热模式	方向盘加热中，加热标注为sw_control_mode	开启/关闭方向盘加热	加热	

标注要求：（1）根据文本实际情况单选或多选。

（2）分析 NLP 文本，参照 NLP 数据泛化说明表格，先选择需要标注的二级标签，再选择需要标注的所有三级标签。已选择的标签需标注完全。

（3）intent 所包含的 General 以及 DeviceControl，slots 包含的 General、Navigation 以及 DeviceControl 需要标注完全，不可漏标和多标。

8.6.4　NLP 名词解析

（1）domain：技能，也可理解为领域，是对用户表达的总体分类。

（2）intent：意图，对于用户表达的细致划分。

（3）slot：词槽，即关键词、中心词，是 NLP 解析的定位点。某些语句有词槽，某些没有，详情参考以下情况。

① 对于字、词、诗句、单词的查询，有比较确定的句式，也有语义非常核心的关键词。例如，天空的天怎么写——词槽有两个：天空、天。天空怎么写——词槽：天空。

② 对于某些句子，在我们的业务中暂时没有定义其词槽。例如，天空是什么颜色的——没有词槽。

③ 对于含有数值的系统指令/通用指令，词槽是数值。例如，把亮度调到 50——词槽：50。

8.6.5　标注细则

（1）一级标签：intent、slots。
（2）二级标签：General、Navigation、DeviceCon。
（3）三级标签：...（各二级标签下的子标签）。
备注：若无需要标注的三级标签，可不用选择对应的二级标签。
示例说明 1 如图 8-36 所示。

图 8-36　示例说明 1

NLP 文本：关掉我主驾的座椅通风|还有方向盘的加热功能。
intent 维度如下。
General：退出意图（关键词：关）。
DeviceCon：关闭方向盘加热&关闭座椅通风。
slot 维度如下。
General：操作（有操作指令：关上××）。

Navigation：文本无具体位置，不用选择。

DeviceCon：设备名称（座椅&方向盘），座椅模式&方向盘加热模式，控制的位置（主驾）。

示例说明 2 如图 8-37 所示。

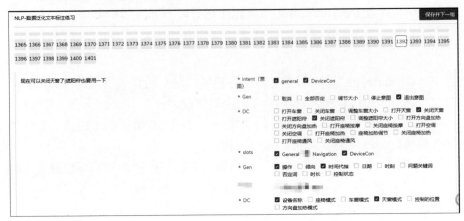

图 8-37　示例说明 2

intent 维度如下。

General：退出意图（关键词：关、用）。

DeviceCon：关闭天窗&关闭遮阳帘。

slot 维度如下。

General：操作（有操作指令：关上××），时间代指（现在）。

Navigation：文本无具体位置，不用选择。

DeviceCon：设备名称（天窗和遮阳帘），天窗模式。

示例说明 3 如图 8-38 所示。

图 8-38　示例说明 3

intent 维度如下。

General：退出意图（关键词：关上）。

DeviceCon：关闭天窗。

slot 维度如下。

General:操作（有操作指令：关上）。

Navigation：文本无具体位置，不用选择。

DeviceCon：设备名称（天窗），天窗模式。

备注：第一句为疑问句，不包含指令，所以没有对应的模式，该句也没有问题的关键词，需要注意与其他句子进行区分。

8.7 作业与练习

1. 请在线上平台进行中文 asr 标注项目的练习。
2. 请在线上平台进行 OCR 标注项目的练习。
3. 请在线上平台进行无人驾驶 2D 图像标注项目的练习。
4. 请用线下工具进行人脸关键点标注项目的练习。

附录

大数据和人工智能实验环境

1. 大数据实验环境

对于大数据实验而言,一方面,大数据实验环境的安装、配置难度大,高校难以为每个学生提供实验集群,实验环境容易被破坏;另一方面,实用型大数据人才培养面临实验内容不成体系、课程教材缺失、考试系统不客观、缺少实训项目以及专业师资不足等问题,实验开展束手束脚。

对此,云创大数据实验平台提供了基于 Docker 容器技术开发的多人在线实验环境,如图 A-1 所示。平台预装了主流大数据学习软件框架——Hadoop、Spark、Kafka、Storm、Hive、HBase、Zookeeper 等,可快速部署训练环境,支持多人同时在线实验,并配套实验手册、实验代码、实验数据,同步解决大数据实验配置难度大、实验入门难、缺乏实验数据等难题,可用于大数据教学与实践应用,如图 A-2 所示。

云创大数据实验平台具有以下优势。

(1)实验环境可靠。

云创大数据实验平台采用 Docker 容器技术,通过少量实体服务器资源虚拟出大量的实验服务器环境,可为学生同时提供多套集群进行基础实验训练,包括 Hadoop、Spark、Python 语言、R 语言等相关实验集群,集成了上传数据-指定列表-选择算法-数据展示的数据挖掘及可视化工具。

云创大数据实验平台搭建了一个可供大量学生同时完成各自大数据实验的集成环境。每个实验环境相互隔离,互不干扰,通过重启即可重新拥有一套新集群,可实时监控集群使用量并进行调整,大幅度节省硬件和人员管理成本。

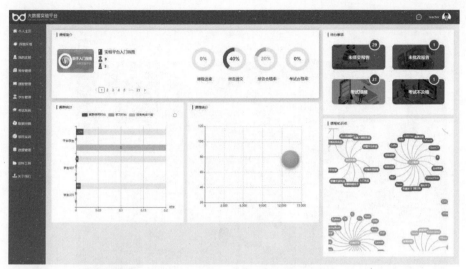

图 A-1　云创大数据实验平台

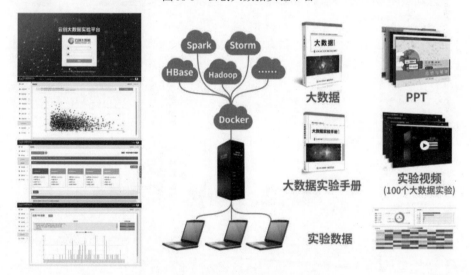

图 A-2　云创大数据实验平台架构

（2）实验内容丰富。

目前，云创大数据实验平台拥有 367+大数据实验，涵盖原理验证、综合应用、自主设计及创新等多层次实验内容。每个实验在线提供详细的实验目的、实验内容、实验原理和实验流程指导，配套相应的实验数据，如图 A-3 所示，参照实验手册即可轻松完成，大大降低了大数据实验的入门门槛限制。

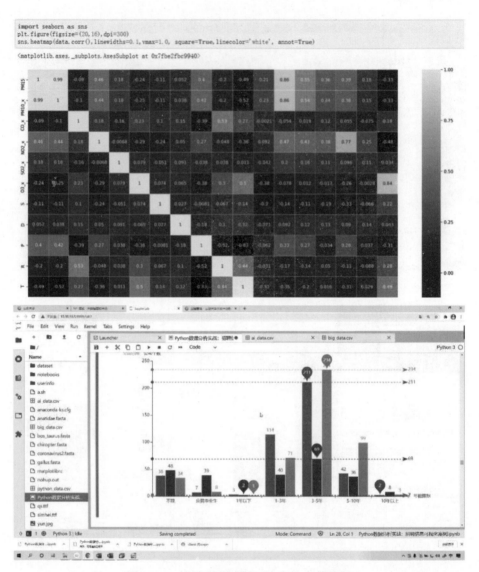

图 A-3　云创大数据实验平台部分实验截图

以下是云创大数据实验平台拥有的部分实验。

- Linux 系统实验：常用基本命令、文件操作、sed、awk、文本编辑器 vi、grep 等。
- Python 语言编程实验：流程控制、列表和元组、文件操作、正则表达式、字符串、字典等。
- R 语言编程实验：流程控制、文件操作、数据帧、因子操作、函数、线性回归等。
- 大数据处理技术实验：HDFS 实验、YARN 实验、MapReduce 实验、Hive 实验、Spark 实验、Zookeeper 实验、HBase 实验、Storm 实验、Scala 实验、Kafka 实验、Flume 实验、Flink 实验、Redis 实验等。

- 数据采集实验：网络爬虫原理、爬虫之协程异步、网络爬虫的多线程采集、爬取豆瓣电影信息、爬取豆瓣图书 Top250、爬取双色球开奖信息等。
- 数据清洗实验：Excel 数据清洗常用函数、Excel 数据分裂、Excel 快速定位和填充、住房数据清洗、客户签到数据的清洗转换、数据脱敏等。
- 数据标注实验：标注工具的安装与基础操作、车牌夜晚环境标框标注、车牌日常环境标框标注、不完整车牌标框标注、行人标框标注、物品分类标注等。
- 数据分析及可视化实验：Jupyter Notebook、Pandas、NumPy、Matplotlib、Scipy、Seaborn、Statsmodel 等。
- 数据挖掘实验：决策树分类、随机森林分类、朴素贝叶斯分类、支持向量机分类、K-means 聚类等。
- 金融大数据实验：股票数据分析、时间序列分析、金融风险管理、预测股票走势、中美实时货币转换等。
- 电商大数据实验：基于基站定位数据的商圈分析、员工离职预测、数据分析、电商产品评论数据情感分析、电商打折套路解析等。
- 数理统计实验：高级数据管理、基本统计分析、方差分析、功效分析、中级绘图等。

（3）教学相长。
- 实时掌握教师角色与学生角色对大数据环境资源使用情况及资源本身运行状态，帮助管理者实现信息管理和资源监控。
- 平台优化了从创建环境-实验操作-提交报告-教师打分的实验流程，学生在平台上完成实验并提交实验报告，教师在线查看每一个学生的实验进度，并对具体实验报告进行批阅。
- 平台具有海量题库、试卷生成、在线考试、辅助评分等应用的考试系统，学生可通过试题库自查与巩固，教师通过平台在线试卷库考察学生对知识点的掌握情况（其中客观题实现机器评分），使教师完成备课+上课+自我学习，使学生完成上课+考试+自我学习。

（4）一站式应用。
- 提供多种多样的科研环境与训练数据资源，包括人脸数据、交通数据、环保数据、传感器数据、图片数据等。实验数据做打包处理，为用户提供便捷、可靠的大数据学习应用。
- 平台提供由清华大学博士、中国大数据应用联盟人工智能专家委员会主任刘鹏教授主编的《大数据》《大数据库》《数据挖掘》等配套教材。
- 提供 OpenVPN、Chrome、Xshell 5、WinSCP 等配套资源下载服务。

2. 人工智能实验环境

人工智能实验一直难以开展，主要有两方面原因。一方面，实验环境需要提供深度学习计算集群，支持主流深度学习框架，完成实验环境的快速部署，满足深度学习模型训练等教学实践需求，同时也需要支持多人在线实验。另一方面，人工智能实验面临配置难度大、实验入门难、缺乏实验数据等难题，在实验环境、应用教材、实验手册、实验数据、技术支持等多方面亟需支持，以大幅度降低人工智能课程学习门槛，满足课程设计、课程上机实验、实习实训、科研训练等多方面需求。

对此，云创大数据人工智能实验平台提供了基于 OpenStack 调度 KVM 技术开发的多人在线实验环境，如图 A-4 所示。平台基于深度学习计算集群，支持主流深度学习框架，可快速部署训练环境，支持多人同时在线实验，并配套实验手册、实验代码、实验数据，同步解决人工智能实验配置难度大、实验入门难、缺乏实验数据等难题，可用于深度学习模型训练等教学与实践应用，如图 A-5 所示。该平台可提供实验报告，如图 A-6 所示。

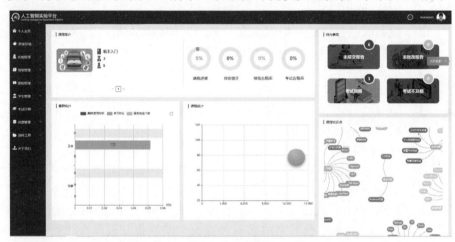

图 A-4　云创大数据人工智能实验平台

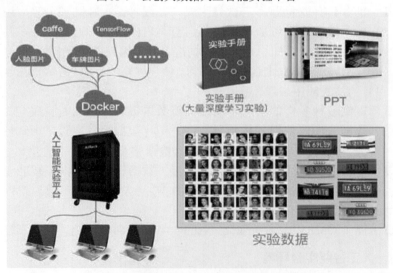

图 A-5　云创大数据人工智能实验平台架构

图 A-6 实验报告举例

云创大数据人工智能实验平台具有以下优势。

(1) 实验环境可靠。

- 平台采用 CPU+GPU 混合架构,基于 OpenStack 技术,用户可一键创建运行的实验环境,十分稳定,即使服务器断电关机,虚拟机中的数据也不会丢失。
- 同时支持多个人工智能实验在线训练,满足实验室规模使用需求。
- 每个账户默认分配 1 个 VGPU,可以配置一定大小的 VGPU、CPU 和内存,满足人工智能算法模型在训练时对高性能计算的需求。
- 基于 OpenStack 定制化构建管理平台,可实现虚拟机的创建、销毁和管理,用户实验虚拟机相互隔离、互不干扰。

(2) 实验内容丰富。

目前,人工智能实验内容主要涵盖了十个模块,每个模块具体内容如下。

- Linux 操作系统:深度学习开发过程中要用到的 Linux 知识。
- Python 编程语言:Python 基础语法相关的实验。
- Caffe 程序设计:Caffe 框架的基础使用方法。
- TensorFlow 程序设计:TensorFlow 框架基础使用案例。
- Keras 程序设计:Keras 框架的基础使用方法。
- PyTorch 程序设计:Keras 框架的基础使用方法。
- 机器学习:机器学习常用 Python 库的使用方法和机器学习算法的相关内容。
- 深度学习图像处理:利用深度学习算法处理图像任务。
- 深度学习自然语言处理:利用深度学习算法解决自然语言处理任务相关的内容。
- ROS 机器人编程:介绍机器人操作系统 ROS 的基础使用。

目前，平台人工智能实验总数达到了 144 个，并且还在持续更新中。每个实验呈现详细的实验目的、实验内容、实验原理和实验流程指导。其中，原理部分设计数据集、模型原理、代码参数等内容，以帮助用户了解实验需要的基础知识；步骤部分为详细的实验操作，参照手册，执行步骤中的命令，即可快速完成实验。实验所涉及的代码和数据集均可在平台上获取。

（3）教学相长。

- 实时监控与掌握教师角色与学生角色对人工智能环境资源的使用情况及资源本身运行状态，帮助管理者实现信息管理和资源监控。
- 学生在平台上实验并提交实验报告，教师在线查看每一个学生的实验进度，并对具体实验报告进行批阅。
- 增加试题库与试卷库，提供在线考试功能，学生可通过试题库自查与巩固，教师通过平台在线试卷库考察学生对知识点的掌握情况（其中客观题实现机器评分），使教师完成备课+上课+自我学习，使学生完成上课+考试+自我学习。

（4）一站式应用。

- 提供实验代码以及 MNIST、CIFAR-10、ImageNet、CASIA WebFace、Pascal VOC、Sift Flow、COCO 等训练数据集，实验数据做打包处理，为用户提供便捷、可靠的人工智能和深度学习应用。
- 平台提供由清华大学博士、中国大数据应用联盟人工智能专家委员会主任刘鹏教授主编的《深度学习》《人工智能》等配套教材，内容涉及人脑神经系统与深度学习、深度学习主流模型以及深度学习在图像、语音、文本中的应用等丰富内容。
- 提供 OpenVPN、Chrome、Xshell 5、WinSCP 等配套资源下载服务。

（5）软硬件高规格。

- 硬件采用 GPU+CPU 混合架构，实现对数据的高性能并行处理。
- CPU 选用英特尔 Xeon Gold 6240R 处理器，搭配英伟达多系列 GPU。
- 最大可提供每秒 176 万亿次的单精度计算能力。
- 预装 CentOS/Ubuntu 操作系统，集成 TensorFlow、Caffe、Keras、PyTorch 等行业主流深度学习框架。

专业技能和项目经验既是学生的核心竞争力，也将成为其求职路上的"强心剂"，而云创大数据实验平台和人工智能实验平台从实验环境、实验数据、实验代码、教学支持等多方面为大数据学习提供一站式服务，大幅降低学习门槛，可满足用户课程设计、课程上机实验、实习实训、科研训练等多方面需求，有助于大大提升用户的专业技能和实战经验，使其在职场中脱颖而出。

目前，致力于大数据、人工智能与云计算培训和认证的云创智学（http://edu.cstor.cn）平台，已引入云创大数据实验平台和人工智能实验平台环境，为用户提供集数据资源、强大算力和实验指导的在线实训平台，并将数百个工程项目经验凝练成教学内容。在云创智学平台上，用户可以同时兼顾课程学习、上机实验与考试认证，省时省力，快速学到真本事，成为既懂原理，又懂业务的专业人才。